RAG
极简入门
原理与实践

张其来 徐思琪——著

人民邮电出版社
北京

图书在版编目（CIP）数据

RAG 极简入门：原理与实践 / 张其来，徐思琪著. -- 北京：人民邮电出版社，2025. -- ISBN 978-7-115-66898-1

Ⅰ．TP391

中国国家版本馆 CIP 数据核字第 2025T9X224 号

内 容 提 要

本书全面解析了 RAG 技术，涵盖从理论基础到实战应用的各个方面。书中首先对 RAG 的背景、定义及与相关技术的关系进行了清晰阐述，然后深入剖析了 RAG 的框架，并详细讲解了数据构建、数据检索及响应生成等关键环节。此外，本书还探讨了 RAG 的评估与优化方法，以及该领域的前沿技术。最后通过项目实战案例，帮助读者将所学知识应用于实际项目，提升解决问题的能力。

本书既适合初学者快速入门 RAG 技术，也适合有经验的开发者深入理解技术细节，攻克实际开发中的难题。

◆ 著　　　张其来　徐思琪
　责任编辑　武芮欣
　责任印制　胡　南

◆ 人民邮电出版社出版发行　北京市丰台区成寿寺路11号
　邮编　100164　电子邮件　315@ptpress.com.cn
　网址　https://www.ptpress.com.cn
　天津千鹤文化传播有限公司印刷

◆ 开本：880×1230　1/32
　印张：8.5　　　　　　　2025年5月第1版
　字数：221千字　　　　　2025年5月天津第1次印刷

定价：69.80 元

读者服务热线：(010)84084456-6009　印装质量热线：(010)81055316
反盗版热线：(010)81055315

前　　言

人工智能（artificial intelligence，AI）正以前所未有的速度重塑我们的世界，在这场技术革命中，大语言模型（large language model，LLM，以下简称大模型）无疑是最炙手可热的。大模型通过海量数据预训练获得通用能力，可以灵活迁移到各种下游任务中，因此也被称为基础模型（foundation model，FM）。

大模型本质上是一种基于深度神经网络的语言模型，大多采用以自注意力机制为核心的 Transformer 架构，通过海量数据训练获得通用语言理解和生成能力。如同人类认知过程中对重要信息的筛选与聚焦，注意力机制让 AI 能够从海量信息中识别关键内容；Transformer 则像思维架构一样，将这种聚焦能力系统化；而大模型就如同完整的认知系统，能进行复杂的理解、推理与创造。大模型通过数十亿到数万亿参数的规模和海量训练数据，逐渐形成了能理解人类语言、创造内容的"数字大脑"，打开了"生成式 AI"的大门。

在这一发展浪潮中，技术快速迭代，各类大模型产品如雨后春笋般涌现，从实验室走向产业化应用，其中，DeepSeek 系列模型的突破尤为引人注目。作为大模型技术演进的一个典型范例，DeepSeek 通过创新的架构设计（如多头潜在注意力机制和混合专家系统）与高效的训练范式，在保持模型性能的同时显著提升了训练效率，如表 0-1 所示。

表 0-1

模型	参数量	训练数据	核心技术与创新
DeepSeek LLM	67B	2T 训练数据，Llama 架构	Grouped-Query Attention，预训练+ SFT + DPO
DeepSeek-v2	21B/236B	8.1T 训练数据	MLA（多头潜在注意力机制）+ MoE 混合专家模型预训练+ SFT + RL
DeepSeek-v3	37B/671B	14.8T 训练数据，5.576M$	无辅助损耗负载均衡，多词元预测 MTP, FP8，双通道，内存占用优化
DeepSeek-R1	37B/671B	R1-Zero +多阶段训练+冷启动数据	R1-Zero 完全由强化学习产生，技术报告中提到"Aha moment"（顿悟时刻）

  DeepSeek 的迭代过程生动诠释了"规模扩展"与"算法创新"的双轮驱动：从参数量的合理增长到训练成本的优化降低，从基础语言理解到涌现出类人的推理能力，每一步突破都在重新定义大模型的可能性边界。特别是其采用的强化学习技术，让模型在持续进化中展现出令人惊喜的"顿悟"特性，为大模型的未来发展提供了重要启示。

  在这一过程中，我们也逐渐发现大模型仍面临一些根本性的局限。

- 知识的局限性：大模型的知识仅限于训练数据中包含的内容，且存在截止日期。对于实时性的、非公开的或离线的数据，大模型是无法获取到的，这部分知识也就无从具备。
- 知识更新困难：大模型在完成训练后，它的知识体系就基本固定了。这意味着模型无法自主获取训练截止时间点之后出现的新事件、新发现或数据更新。鉴于模型训练需要耗费巨大的计算资源和成本，在资源受限的情况下，频繁进行模型更新以同步最新信息往往难以实现。

- **缺乏领域专业知识**：虽然大模型压缩了大量的人类知识，但它在垂直场景中的表现存在明显短板，需要专业化的服务去解决特定问题。
- **幻觉问题**：大模型会生成看似合理但实际上并不准确的内容，尤其是在处理事实性问题时。

面对这些挑战，研究者们开始探索各种辅助技术，希望突破大模型的局限性，其中一种方案是从模型内部入手，通过提示工程（prompt engineering）、强化学习、参数微调（fine-tuning）等方式提升模型的表现。然而，考虑到模型的超大参数规模、训练所需的算力与数据，纯粹依靠模型自身的提升路径面临着成本高、效率低的问题。

与此同时，另一条技术路线迅速崭露头角——检索增强生成（retrieval-augmented generation，RAG）。这种方法通过整合外部数据源的信息或知识，为输入查询或生成输出提供补充，从而提升生成模型的性能。首先利用检索器从外部数据库中提取相关文档，这些文档随后作为上下文来增强生成过程。

相比于端到端的大模型，RAG 具有以下显著优势。

(1) 知识来源可溯，输出更可靠。RAG 可以展示答案的知识来源，增强可解释性和可信度。

(2) 知识易于更新，模型更实时。通过动态更新知识库，RAG 可以快速适应最新知识，而无须重新训练模型。

(3) 计算更高效，部署门槛低。RAG 将知识库和大模型解耦，降低了计算和存储压力。

举个例子，假设我们要开发一个应用于医疗健康领域的智能问答系统。端到端大模型需要在大量的医学文献上进行训练，掌握医学知识。但由于医学知识更新速度较快，训练好的模型可能很快就会过时。

相比之下，通过采用 RAG 方法，模型可以将权威的医学知识库（如 PubMed）等作为外部知识库，在回答问题时实时检索最新的医学知识。这样，当 PubMed 更新时，只需更新知识库，无须重新训练模型，大大提升了系统的实时性和准确性。

目前，在推动 RAG 技术发展的众多模型中，DeepSeek 凭借其强大的推理能力和开源特性，正成为该领域的重要助力。随着高效且经济的开源模型 DeepSeek-R1 的出现，构建优化的 RAG 系统变得更加便捷。通过结合 DeepSeek 与 RAG 技术，用户可以轻松地从 PDF 等文档中提取信息，实现自然语言交互。

与此同时，行业领先企业也将 RAG 能力作为模型特色，进一步推动了该技术的发展。这种趋势表明，大模型与 RAG 技术的融合正在成为 AI 发展的重要方向。企业和研究机构可以将 DeepSeek 本地大模型与专业知识库相结合，打造专业领域 AI 智能体，验证"AI 模型+行业知识库"在实际业务中的应用效果。

凭借着上述优势，RAG 方法受到了学术界和工业界的广泛关注。在开放域问答、文档智能分析、对话摘要等任务上，这种方法的表现不仅可与经过特定领域微调的大模型相媲美，甚至在某些情况下更胜一筹，堪称大模型应用落地的"新宠"。这激发了人们对 RAG 的进一步探索，包括如何构建高质量的领域知识库，如何优化检索策略以提高检索效率和精度，如何设计更加高效的训练方法，使 RAG 能够更好地适应不同任务和场景。作为人工智能领域的新范式，RAG 方法有望引领自然语言处理（natural language processing，NLP）技术的未来发展，成为处理知识密集型任务的"标配"。

本书旨在以浅显易懂的语言和生动的案例，带领读者了解 RAG 技术的基本原理、整体架构和实战案例。首先，本书将介绍 RAG 所涉及的相关背景知识，为读者奠定坚实的理论基础。在此基础上，我们将提供对大模型和 RAG 的宏观概述，帮助读者全面把握这一主题。接下来，本书将分章深入剖析 RAG 的各个关键组成部分，详细讲解 RAG 的整体架构设计，阐明其中的信息流和处理步骤，探讨如何对数据进行高效的索引和检索。我们还将介绍 RAG 中的响应生成模块，解释它采用的算法和策略，并讨论 RAG 输出的评估方法，分析不同评估指标的特点及其适用场景。最后，为了巩固读者的理论知识并提升实践能力，本书将以一个具有代表性的 RAG 实战项目，带领读者逐步实现一个完整的 RAG 系统。通过这个项目，读者可以将在本书中所学到的知识融会贯通，深刻理解 RAG 的实现细节和开发流程。

无论你是人工智能相关领域的学生、研究人员或从业者，还是对 RAG 技术充满好奇的人工智能爱好者，本书都是你了解 RAG 技术的入门指南和宝贵资源。

目　　录

第 1 章　RAG 概述 ·· 1
1.1　RAG 的由来和定义 ·· 1
1.2　RAG 的必要性 ·· 7
1.3　RAG 和微调 ··· 11
1.3.1　技术对比与适用场景分析 ·· 11
1.3.2　应用场景分析与选择策略 ·· 14
1.3.3　RAG 和微调的结合趋势 ·· 16
1.3.4　小结 ··· 17
1.4　RAG 和长上下文 ··· 18
1.5　总结 ·· 20

第 2 章　RAG 框架详解 ··· 21
2.1　触发检索的判断策略 ··· 21
2.1.1　基于相关性的触发策略 ··· 22
2.1.2　基于问题类型的触发策略 ·· 25
2.1.3　基于交互历史的自适应触发 ······································· 26
2.1.4　基于知识库状态的触发调整 ······································· 27
2.2　大模型自身知识和检索知识的平衡 ····································· 28
2.2.1　检索知识与大模型自身知识的冲突解决 ······················· 28
2.2.2　检索知识与大模型自身知识的互补融合 ······················· 29

2.2.3　小结 ··· 31
2.3　RAG 常见范式 ·· 32
　　2.3.1　顺序式 RAG ································· 32
　　2.3.2　分支式 RAG ································· 34
　　2.3.3　循环式 RAG ································· 38
　　2.3.4　小结 ··· 42
2.4　总结 ·· 43

第 3 章　RAG 数据构建 ·· 44

3.1　向量化技术概述 ·· 44
　　3.1.1　引言 ·· 44
　　3.1.2　向量化技术在 RAG 中的作用 ········ 46
　　3.1.3　RAG 任务对向量模型的特殊需求 ······ 49
　　3.1.4　向量模型的评估与选择 ·············· 51
　　3.1.5　小结 ··· 54
3.2　向量数据库：数据管理的新范式 ············· 54
　　3.2.1　引言 ·· 54
　　3.2.2　什么是向量数据库 ···················· 55
　　3.2.3　向量数据库与传统数据库的对比 ······ 56
　　3.2.4　向量索引技术 ···························· 57
　　3.2.5　向量数据库的选择 ···················· 59
　　3.2.6　小结 ··· 61
3.3　RAG 数据解析 ·· 62
　　3.3.1　多源异构数据的挑战与难点 ········ 62
　　3.3.2　RAG 系统的数据整合与处理 ······ 63
　　3.3.3　案例分析：利用 LangChain 处理多源异构数据 ······ 65
　　3.3.4　小结 ··· 68
3.4　RAG 数据处理 ·· 68
　　3.4.1　文本分割 ···································· 68

3.4.2　数据组织 ·· 73
　　3.4.3　基于 DeepSeek 和 Ollama 的代码实践 ····························· 76
　　3.4.4　小结 ·· 80
3.5　总结 ·· 80

第 4 章　RAG 数据检索 ·· 82

4.1　用户查询理解 ··· 82
　　4.1.1　查询的特点与挑战 ··· 82
　　4.1.2　查询理解技术 ·· 83
　　4.1.3　小结 ·· 88
4.2　基础检索范式 ··· 89
　　4.2.1　语义向量检索 ·· 89
　　4.2.2　关键词检索 ··· 93
　　4.2.3　混合检索 ·· 94
　　4.2.4　小结 ·· 96
4.3　从基础到高级：多元化的检索范式 ··· 97
　　4.3.1　细化的检索逻辑 ··· 97
　　4.3.2　生成假设性答案 ··· 102
　　4.3.3　迭代式检索 ··· 102
　　4.3.4　分步提示 ·· 103
　　4.3.5　基于表示模型的检索 ·· 105
　　4.3.6　重写-检索-阅读 ·· 111
　　4.3.7　基于知识库的语义增强 ··· 113
　　4.3.8　小结 ·· 113
4.4　重排模块 ··· 114
　　4.4.1　重排模块的必要性 ··· 114
　　4.4.2　重排模块的方法 ··· 116
　　4.4.3　重排模块的选择和效果评估 ··· 121

　　　　4.4.4　小结 ·· 123
　4.5　RAG 上下文压缩技术 ································· 124
　　　　4.5.1　上下文压缩的目的 ···························· 124
　　　　4.5.2　上下文压缩的策略 ···························· 125
　　　　4.5.3　小结 ·· 127
　4.6　总结 ·· 128

第 5 章　RAG 响应生成 ····································· 129

　5.1　提示工程在 RAG 中的应用 ························· 129
　　　　5.1.1　提示工程基本概念介绍 ······················· 129
　　　　5.1.2　提示的类型与应用 ···························· 130
　　　　5.1.3　RAG 中常见的高级技巧 ····················· 132
　　　　5.1.4　RAG 中的提示工程实践 ····················· 136
　　　　5.1.5　提示的优化策略 ································ 141
　　　　5.1.6　小结 ·· 143
　5.2　RAG 中的监督微调技术 ····························· 143
　　　　5.2.1　监督微调的必要性和应用价值 ·············· 144
　　　　5.2.2　面向检索结果的 RAG 微调 ·················· 144
　　　　5.2.3　面向下游任务的 RAG 微调 ·················· 148
　　　　5.2.4　小结 ·· 151
　5.3　其他 RAG 技术的探索 ······························· 151
　　　　5.3.1　大模型的选择与优化 ·························· 151
　　　　5.3.2　RAG 中的解码策略 ··························· 153
　　　　5.3.3　融合外部知识增强 RAG 生成 ··············· 155
　　　　5.3.4　RAG 的多模态扩展 ··························· 156
　　　　5.3.5　RAG 的主动问答与交互能力 ················ 163
　5.4　RAG 的安全性与伦理性思考 ······················· 165
　5.5　总结 ·· 168

第 6 章 RAG 的评估和优化 · 169

6.1 RAG 的评估 · 169
- 6.1.1 评估指标 · 169
- 6.1.2 评估方法 · 172
- 6.1.3 评估基准 · 175
- 6.1.4 小结 · 179

6.2 RAG 落地常见问题和优化方案 · 180
- 6.2.1 数据问题 · 180
- 6.2.2 检索问题 · 182
- 6.2.3 生成问题 · 184
- 6.2.4 其他开放性问题 · 188
- 6.2.5 小结 · 191

6.3 前沿 RAG 方法 · 191
- 6.3.1 动态相关 RAG · 191
- 6.3.2 Graph RAG · 192
- 6.3.3 FlashRAG · 193
- 6.3.4 DocReLM · 195
- 6.3.5 小结 · 196

6.4 总结 · 197

第 7 章 项目实战 · 198

7.1 搭建基础 RAG 系统 · 198
- 7.1.1 代码实战 · 198
- 7.1.2 小结 · 203

7.2 优化 RAG 检索模块 · 204
- 7.2.1 实现多种检索策略 · 204
- 7.2.2 比较不同检索策略的性能 · 206
- 7.2.3 小结 · 208

- 7.3 增强RAG生成模块 ·· 208
  - 7.3.1 代码实战 ·· 209
  - 7.3.2 小结 ·· 214
- 7.4 RAG与知识图谱的结合实践 ······································ 214
  - 7.4.1 代码实战 ·· 214
  - 7.4.2 小结 ·· 226
- 7.5 多模态RAG ·· 227
  - 7.5.1 代码实战 ·· 227
  - 7.5.2 多模态RAG的优势和局限性 ································ 231
  - 7.5.3 优化和扩展建议 ·· 232
  - 7.5.4 小结 ·· 233
- 7.6 RAG系统优化与调试 ·· 233
  - 7.6.1 性能优化 ·· 233
  - 7.6.2 检索结果质量提升 ·· 238
  - 7.6.3 系统调试 ·· 239
  - 7.6.4 持续优化策略 ·· 242
  - 7.6.5 小结 ·· 243
- 7.7 构建端到端的RAG应用 ·· 243
  - 7.7.1 代码实战 ·· 243
  - 7.7.2 小结 ·· 250
- 7.8 RAG系统的测试与评估 ·· 250
  - 7.8.1 代码实战 ·· 250
  - 7.8.2 小结 ·· 257
- 7.9 总结 ··· 257

第 1 章
RAG 概述

本章将围绕 RAG 技术展开深入探讨,重点阐述其核心原理和关键技术。我们首先解析 RAG 的技术定义及其产生的必要性,通过与传统大模型和微调方法的对比分析,突出其独特优势。随后将讨论大模型上下文扩展对 RAG 技术演进的影响。通过对 RAG 技术的系统剖析,读者将掌握如何有效利用知识检索来增强大模型能力,从而构建更智能、更可靠的自然语言处理系统。

1.1 RAG 的由来和定义

为了克服大模型在知识、推理、偏见等方面的种种局限,研究者们开始探索知识检索与自然语言生成相结合的新方法,其中,RAG 作为一项创新技术,通过显式地引入大规模语料库中的知识来增强自然语言生成能力。与传统语言模型不同,RAG 不依赖于将所有知识隐式地编码到模型参数中,而是通过实时检索外部知识库中的相关信息,动态地辅助生成内容。通过引入外部知识,大模型能够突破自身知识容量的限制,灵活地获取与任务相关的信息。RAG 的提出,标志着大模型研究的一个重要进展。

RAG 是一种将知识检索与自然语言生成相结合的方法，旨在提升大模型在开放域问答、对话生成等任务中的表现。其核心思想是，系统在生成过程中动态地从外部知识库中检索与问题相关的知识片段，并将这些片段作为附加输入，生成更加准确、完整、合理的回答。

一个典型的 RAG 系统通常由以下两个关键组件构成。

- 检索器（retriever）：该组件负责从指定的知识库中检索出与输入问题最相关的若干段文本片段，为后续的生成过程提供信息支持，一般采用向量检索技术来实现这一过程。
- 生成器（generator）：基于输入问题和检索到的相关文本片段，生成器负责生成自然、连贯且符合语境的答案文本。生成器一般采用预训练语言模型，如 ChatGPT、Llama 等。

具体来说，一个 RAG 系统的执行流程如图 1-1 所示。

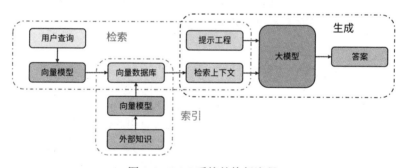

图 1-1　RAG 系统的执行流程

(1) **构建向量数据库**：RAG 首先将内部数据集转换为向量，并存储在向量数据库或其他存储系统中。

(2) **用户输入查询**：用户以自然语言形式输入查询。

(3) **信息检索**：系统利用向量数据库进行信息检索，识别与用户查询语义相似的文本片段。

(4) **数据组合**：检索到的相关片段将作为上下文，与用户查询结合，形成一个扩展的提示（prompt）。

(5) **生成文本**：系统将包含上下文的扩展提示提供给大模型，由其生成具有上下文信息的最终响应。

让我们通过 RAG 的三个核心步骤——索引（index）、检索（retrieval）和生成（generation）——来深入理解其工作原理。

首先，系统需要对大规模文本语料进行预处理和索引。为了适配各种类型的文档，系统采用专门的文档加载器（document loader）模块进行处理。文档加载器针对不同格式的文档提供相应的解析能力，例如 PDF 加载器可以处理 PDF 文档的版式和排版，Word 加载器能够解析文档的格式和样式，而 Markdown 加载器则可以识别文本的结构化标记。

解析后的文档会传递给文本分割器（text splitter）进行切分。分割器根据预设的策略将原始的长文档划分为多个文档块，支持多种分割方式：可以按自然段落进行分割，保持语义的完整性；也可以按固定字数进行分割，确保每个文档块大小相近；还可以基于语义边界进行智能分割，避免割裂重要的上下文信息。每个文档块通常包含一个完整的语义单元。

接着，使用预训练的向量模型对每个文档块生成向量表示，并将这些词向量存储在向量数据库中，便于后续快速检索。这一离线索引过程使得 RAG 能够高效地从海量语料中检索出与给定查询相关的知识片段。图 1-2 所示为 RAG 中数据索引构建的基本流程，展示了从原始文档到向量存储的完整处理链路。

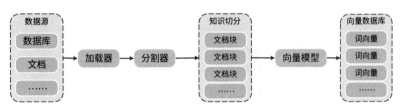

图 1-2　RAG 中数据索引构建的基本流程

在实际使用时，当用户输入查询后，系统首先进行查询理解处理。查询理解模块会对输入进行实体识别、意图分析和查询扩展等操作，以更好地捕获用户查询的语义信息。例如，对于"苹果公司的最新手机"这样的查询，系统会识别出"苹果公司"是一个公司实体，并可能将查询扩展为包含"iPhone"等相关术语。

经过理解的查询会被转换为向量表示，系统利用该查询向量在向量数据库中进行相似度搜索，快速检索出一批候选文档块。这些候选文档块随后会进入重排序阶段，重排序模块会执行更细粒度的相关性分析，综合考虑文档与查询的交互特征、语义匹配程度等因素，对候选文档块进行精确打分和排序，最终筛选出最相关的文档块。

这一多阶段的检索过程可以看作从大规模语料中提取与当前查询最相关的背景知识。通过查询理解提升检索准确性，通过重排序确保知识质量，使得检索到的文档块能够作为高质量的外部知识被引入，从而有效扩展了大模型的知识范围，弥补了它在特定领域知识不足的局限。图 1-3 所示为 RAG 中执行检索的基本流程，展示了从用户输入到获取相关上下文的完整处理链路。

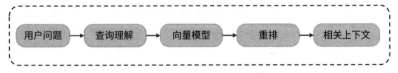

图 1-3　RAG 中执行检索的基本流程

最后，系统将原始的用户问题和检索到的相关上下文结合提示工程，将它输入大模型（如 Llama、GPT-4）中，在特定的应用场景中，为了提升生成的效果，可以通过强化学习、预训练和监督微调等方法进一步提升大模型生成结果的质量。大模型基于这一增强的上下文生成响应，产生最终的自然语言答案。图 1-4 所示为 RAG 中生成答案的基本流程。

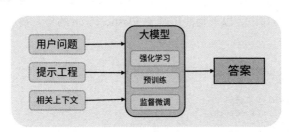

图 1-4　RAG 中生成答案的基本流程

为了更好地理解 RAG 的工作流程，下面我们通过构建一个电商客服系统的案例来演示其应用，具体步骤如下。

（1）构建知识库：知识库是 RAG 系统的基础，其质量直接影响系统的表现。知识库可以包含结构化或非结构化的数据，如文档、数据库、知识图谱等。构建高质量的领域知识库需要进行大量的数据收集、清洗和组织工作。对于电商客服系统而言，知识库需要包含产品介绍、用户评价等数据，以便系统能够高效检索和利用。构建知识库的示例代码如下：

```
[
    {
        "id": 1,
        "category": "产品介绍",
        "title": "小米 11 Ultra 参数",
        "content": "小米 11 Ultra 采用 6.81 英寸 AMOLED 四曲面屏幕,支持
            WQHD+分辨率和 120Hz 刷新率..."
    },
    {
```

```
    "id": 2,
    "category": "用户评价",
    "title": "小米 11 Ultra 用户体验",
    "content": "屏幕素质太惊艳了,色彩完全不输三星和 iPhone,而且顺滑度也非常好……"
},
...
]
```

(2) 实现检索系统：检索系统负责从海量知识库中高效获取与查询最相关的知识。以下是使用基于 Elasticsearch 的检索技术实现检索的代码示例：

```
from elasticsearch import Elasticsearch

# 初始化 ES 客户端
es = Elasticsearch()

# 定义检索函数
def search_knowledge(query, top_k=5):
    res = es.search(index="knowledge", body={
        "query": {
            "multi_match": {
                "query": query,
                "fields": ["title", "content"]
            }
        },
        "size": top_k
    })
    return [hit["_source"] for hit in res["hits"]["hits"]]

query = "小米 11 Ultra 屏幕怎么样"
knowledge_pieces = search_knowledge(query)
```

(3) 使用大模型：大模型是 RAG 系统的核心，负责基于检索到的知识生成最终回答。可以选择 ChatGPT、ChatGLM、Llama 等预训练模型，并通过提示技术将知识巧妙地融入生成过程中。以下是一个利用 OpenAI 的 GPT 模型进行知识增强问答的简单代码示例：

```
import openai
openai.api_key = "YOUR_API_KEY"
```

```
def generate_answer(query,knowledge_pieces):
    prompt = f"根据以下知识回答问题:\n\n 知识:\n{knowledge_pieces}\n\n
问题:{query}\n 回答:"
    res = openai.Completion.create(
        engine="text-davinci-002",
        prompt=prompt,
        max_tokens=100,
        n=1,
        stop=None,
        temperature=0.7,
    )
    return res.choices[0].text.strip()

query = "小米 11 Ultra 屏幕怎么样"
knowledge_pieces = "小米 11 Ultra 采用 6.81 英寸 AMOLED 四曲面屏幕,支持
WQHD+分辨率和 120Hz 刷新率……屏幕素质太惊艳了,色彩完全不输三星和 iPhone,
而且顺滑度也非常好……"
answer = generate_answer(query,knowledge_pieces)
print(answer)
```

1.2 RAG 的必要性

RAG 技术的出现为提升大模型在自然语言处理领域的表现提供了可行的解决方案。本节将重点探讨 RAG 在帮助大模型克服知识瓶颈、提高大模型生成内容的可靠性、拓展大模型的应用场景以及推动自然语言处理技术的长远发展方面的重要意义。

(1) 帮助大模型克服知识瓶颈

正如前文所述,大模型通过从海量文本数据中学习语言知识,试图建立起一个全面的"世界模型"。然而,这种隐式的知识编码方式存在局限性。大模型所学知识分散在模型参数中,难以进行细粒度的访问和修改。同时,大模型的知识容量受限于模型本身的规模,难以覆盖所有领域,尤其是那些较为冷门的专业知识和小众话题。

RAG 引入了显式的外部知识检索机制,通过实时检索与当前任务最相关的知识,并将这些知识融入生成过程中,有效地缓解了传统

大模型的知识瓶颈。以开放域对话为例,当用户在对话中提到电影《盗梦空间》时,传统大模型可能只能根据这个关键词生成一些泛泛而谈的回应,如"这是一部不错的科幻电影"。而 RAG 系统则可以实时检索外部知识库(如维基百科、豆瓣等),获取关于《盗梦空间》的具体信息,包括导演、主演、剧情简介、获奖情况等,并将这些信息嵌入回复中,生成更具深度且引发用户进一步讨论的回复,举例如下:"克里斯托弗·诺兰执导的这部电影探讨了梦境与现实的界限,莱昂纳多·迪卡普里奥的表现令人印象深刻。该片获得了第 83 届奥斯卡最佳摄影等多项大奖。你觉得电影中哪个情节最让你印象深刻?"

(2) 提高大模型生成内容的可靠性

大模型面临的另一个重要挑战是生成内容的可靠性问题。由于大模型本质上是基于统计规律生成文本,有时会产生与事实不符的错误信息,即所谓的"幻觉"。这些错误在智能客服、法律咨询、医疗诊断等对准确性要求极高的场景下尤其突出。

RAG 通过引入高质量的外部知识库来显著提高生成内容的可靠性。例如,在法律咨询场景中,用户可能会询问:"签订劳动合同时需要注意哪些事项?"RAG 系统可以实时检索与问题相关的劳动法条款,并基于这些具体的法律知识,生成准确且专业的回答,例如:"签订劳动合同时,雇主和员工应当以书面形式明确约定合同期限、工作内容、报酬等关键条款,并确保合同内容符合劳动法的相关规定。这有助于保障双方的合法权益,避免日后产生不必要的纠纷。"

RAG 的可解释性也是提高生成内容可靠性的重要因素。每个生成片段都可以追溯到其所依赖的外部知识来源,当输出的内容出现错误时,我们可以分析并追踪到问题的来源,并及时进行修正。例如,在一个新闻摘要任务中,如果 RAG 系统错误地生成了"特斯拉 CEO 马斯克已于 2023 年 6 月完成了对苹果公司的收购"这样的内容,通过分析该结论的知识来源,可以发现 RAG 错误地将"马斯克有意收购苹果"这一新闻报道片段作为支撑知识。基于这一发现,我们可以及时修正知识库,并完善 RAG 的知识筛选机制,从而提高其后续输出的准确性。

(3) 拓展大模型的应用场景

RAG 不仅解决了大模型的知识局限性,还为拓展大模型的应用场景开辟了新的可能性。传统大模型主要通过学习文本数据来完成任务,但实际应用中,往往需要处理结构化知识(如知识图谱)或者多模态信息(如图像、视频)。而传统大模型对这些信息的处理能力有限,无法充分利用多样化的数据。

RAG 引入了知识库,特别是结构化的知识图谱,从而能够灵活地整合和利用不同形式的外部知识。在智能问答领域,RAG 可以通过对知识图谱的查询,实现更精准的问题解答。以电影知识为例,当用户询问"汤姆·汉克斯主演了哪些电影?"时,RAG 系统可以通过查询知识图谱中"汤姆·汉克斯"这一实体的"主演"关系,获取到"阿甘正传""达·芬奇密码"等一系列电影实体,并据此生成回答:"汤姆·汉克斯主演的著名电影包括《阿甘正传》《达·芬奇密码》《荒岛余生》等,其中,他凭借《阿甘正传》获得了第 66 届奥斯卡最佳男主角奖。"这种能力提升了问答系统的性能和用户体验。

RAG 在创意写作领域同样展现出了巨大的应用潜力。传统的写作辅助工具仅仅提供语法纠错、文本补全等基础功能,而 RAG 通过结合外部的科学、历史、物理等众多领域知识,为创作者提供灵感。例如,针对以"时间旅行"为主题的科幻小说,RAG 可以检索科学史、物理学等领域的相关知识,生成"时间旅行在物理学上存在悖论,如祖父悖论:如果一个人回到过去杀死了自己的祖父,那么他自己也不会出生。为解决这一悖论,可以设定平行宇宙,每次穿越都会进入一个新的平行时间线"或者"爱因斯坦的相对论预言了时间膨胀效应，当物体以接近光速运动时，时间会变慢。这一效应可用于解释时间旅行者为何能看上去不老"等内容，为作家提供有意思的素材。这种知识驱动的创意辅助，有望为人类的艺术创作带来新的维度。

(4) 推动自然语言处理技术的长远发展

RAG技术不仅提升了模型的语言处理能力，还指明了自然语言处理技术的发展方向。RAG所倡导的"知识+语言"范式，使得系统能够突破"只懂语言"的浅层理解，迈向"通晓世界"的深层智能。这一范式不仅推动了知识表示、知识推理等基础领域的研究，也为构建更加通用、强大的NLP系统奠定了基础。

随着RAG技术的不断发展，我们有望实现多种外部知识与大模型的深度融合。例如，将视觉信息纳入RAG框架，使得系统能够同时处理文本和图像，实现跨模态的问答；又或者引入因果推理能力，使得系统能够处理复杂的假设性问题。这些进展将极大地拓展自然语言处理技术的应用领域和服务边界。

随着DeepSeek-R1等本地化模型的成熟，RAG的核心优势（知识可溯、实时更新）被进一步放大。例如，在医疗领域，传统云端RAG需依赖第三方API且存在数据泄露风险，而DeepSeek-R1+Ollama方案通过本地部署，既满足《中华人民共和国数据安全法》要求，又通过递归检索机制整合最新临床指南，使诊断建议准确率提升至92%。

RAG技术与知识图谱、认知计算、机器推理等技术的深度融合，正在推动构建真正具备认知能力的人工智能系统。这种系统不仅能听懂人类的语言，还能深刻地理解人类的知识体系、思维方式和价值观念，成为人类探索未知、传承文明的得力助手。这无疑将是自然语言处理乃至整个人工智能领域的一个里程碑式的跨越。

1.3 RAG 和微调

RAG 和微调（fine-tuning）是当前自然语言处理领域两种重要的技术范式，它们分别代表了两种主流的提高模型性能的思路：RAG 利用外部知识来丰富生成内容，微调则利用少量特定领域数据来调整预训练模型。具体而言，RAG 是先通过检索模块从外部知识库中获取与问题相关的信息，再将这些信息作为附加输入提供给生成模块，生成更加准确和全面的答案。而微调则是在预训练语言模型的基础上，使用特定任务的标注数据对全部或部分模型参数进行二次训练，使它更好地适应当前任务。

在上一节中，我们已探讨了 RAG 的基本概念。本节中，我们将深入剖析微调的原理、特点与适用场景，并通过与 RAG 的比较，为读者在实际应用中如何选择合适的技术提供参考。

1.3.1 技术对比与适用场景分析

与 RAG 采用显式检索不同，微调遵循隐式迁移的范式。粗略地说，它通过从下游任务的小规模标注数据 D_{train} 中学习任务特定的参数 θ_{task}，对预训练模型的通用语言表示能力进行针对性的强化，从而实现从语言建模到具体任务的适配。其目标函数可表示为：

$$\theta_{task}^* = \arg\min\nolimits_{\theta_{task}} \mathcal{L}(\theta; D_{train}) + \lambda \mathcal{R}(\theta_{task})$$

其中 $\mathcal{L}$ 和 $\mathcal{R}$ 分别是与任务相关的损失函数和正则化项，λ 为平衡系数。通过梯度下降等优化算法，微调能找到最优的参数配置 θ_{task}^*，从而在目标任务上达到最佳表现。

RAG 和微调虽然都以预训练模型为基础，但在很多方面存在显著差异。表 1-1 列举了这两种方法在关键特性上的对比。

表 1-1 RAG 和微调的关键特性对比

特 性	RAG	微 调
知识来源	外部知识库	训练数据
知识更新	实时更新	需要重新训练
泛化能力	强	弱
稳健性	高	低
数据需求	少	多
训练成本	低	高
可解释性	高	低

从表 1-1 中可以看出两种技术存在明显的差异,接下来我们展开介绍。

(1) 知识来源

- RAG:通过检索外部知识库获取所需的背景知识,不受训练数据限制。这使得 RAG 可以利用海量的外部信息来辅助生成更准确、全面的答案。
- 微调:主要依赖于特定任务的训练数据。模型的知识来自训练语料,因此其知识量受到训练数据规模的限制。

(2) 知识更新

- RAG:当外部知识库更新时,RAG 可以实时获取最新的信息。这使得 RAG 能够适应知识的动态变化,生成基于最新信息的答案。
- 微调:当需要添加新知识时,必须重新训练模型。这导致微调模型的知识更新滞后,无法快速适应知识的变化。

(3) 泛化能力

- RAG：通过动态检索外部知识，RAG可以应对更广泛的问题。即使是训练数据中未曾出现的问题，RAG也可以通过检索相关知识来生成合理的答案。
- 微调：泛化能力相对较弱，主要局限于训练数据的分布。对于训练数据中未覆盖的问题，微调模型可能难以给出满意的答案。

(4) 稳健性

- RAG：由于RAG可以从外部知识库中获取证据，因此对于一些错误或不完整的问题，RAG仍然可以根据检索到的知识生成合理的答案，具有较高的稳健性。
- 微调：微调模型对输入数据的质量要求较高。如果输入问题有误或不完整，微调模型可能难以给出正确答案，稳健性较差。

(5) 数据需求

- RAG：主要依赖外部知识库，对任务特定的标注数据依赖较小。即使在缺乏大规模标注数据的情况下，RAG仍然可以通过知识检索达到不错的效果。
- 微调：微调通常依赖大量高质量的任务特定标注数据。数据的质量和数量直接影响微调的效果。当标注数据不足时，微调的性能可能大打折扣。

(6) 训练成本

- RAG：训练时主要学习如何检索和融合外部知识，训练成本相对较低。同时可以复用预训练的语言模型，进一步降低训练开销。
- 微调：需要在特定任务上重新训练整个模型，训练成本较高。当任务或数据发生变化时，需要重新进行微调。

(7) 可解释性

- RAG：通过分析检索到的知识片段，提供生成答案的原因和证据来源，增加了可解释性，有助于用户理解和信任模型的输出。
- 微调：通常是黑盒模型，很难解释其决策过程。用户无法得知模型生成特定答案的原因，限制了其在某些应用场景下的可用性。

1.3.2 应用场景分析与选择策略

通过上一节的对比，我们可以看到 RAG 和微调在不同特性上的表现。接下来，我们将具体探讨这些特性如何决定了 RAG 和微调各自的应用场景。

RAG 强大的知识整合能力使它在需要融合多个片段信息进行推理和归纳的任务中大放异彩。RAG 的优势在于它对大规模无标注语料的充分利用，使得即便在标注数据稀缺的情况下，也能通过自监督学习从文本中提取有效的知识。因此，它非常适合应用在标注成本高、覆盖领域广的任务中。一些代表性的应用场景如下。

- 开放域问答（open-domain QA）：回答需要广泛背景知识的问题，这些知识来源不限于某个特定领域或场景。
- 知识推理（knowledge reasoning）：根据海量文本语料库中的事实进行多步推理，如常识问答、逻辑推理等。
- 对话生成（dialogue generation）：根据对话上下文和背景知识，生成连贯、合理且信息丰富的回复。
- 文本改写（text rewriting）：如外语翻译、古文改写、专业文本降噪等，这往往需要参考多篇平行或相关文档。

微调的优势在于利用标注数据快速适配下游任务，其典型的应用场景如下。

- 文本分类（text classification）：如情感分析、新闻分类、意图识别等，通常需要数千至数万条的标注数据。
- 序列标注（sequence labeling）：如命名实体识别、词性标注、语义角色标注等，所需标注数据量从数万条到数十万条不等。
- 句子对分类（sentence pair classification）：如相似度计算、蕴含关系识别、语义匹配等，标注数据规模与文本分类任务类似。
- 阅读理解（reading comprehension）：根据给定的篇章和问题，预测答案跨度或生成答案。可以通过使用小规模数据集（如SQuAD）来评估这类任务。

微调对标注数据的质量和数量要求较高。数据噪声大或覆盖不足都可能导致过拟合等问题，影响模型的泛化能力。因此，在实践中需要重视数据的清洗和增强工作。

在实际应用中，RAG 和微调往往不是二选一的关系，而是要根据项目的目标、要求和资源条件灵活选择。可以从以下几个角度进行考虑和权衡。

- **任务类型和领域**：选择技术时，需考虑任务是否需要广泛的背景知识以及知识来源是否不断更新。例如，开放域问答和知识推理任务可能更适合采用 RAG，而像文本分类和情感分析这类定义明确、边界清晰的任务则可能更适合微调。
- **数据资源条件**：如果任务缺乏大规模高质量的标注数据，但可利用丰富的非结构化文本数据构建知识库，RAG 可能更有优势。相反，如果任务有充足的标注数据，且数据质量高，则微调可以利用这些数据进行更有效的模型调整。
- **计算资源限制**：微调通常更适合对推理速度和资源消耗有严格限制的任务，因为它可以快速推理且资源占用较低。而 RAG 需要更多的计算资源，适合对推理速度和资源消耗要求相对宽松的任务。

- **可解释性要求**：如果项目需要模型输出具有较高的可解释性，RAG 可能是更好的选择，因为它可以提供输出结果与检索到的知识片段之间的关联。如果可解释性不是主要关注点，微调也是一个有效的选项。
- **模型开发难度**：RAG 的实现通常更复杂，需要同时开发和优化检索与生成模块，开发难度高，适合有相关经验的技术团队。微调则有成熟的流程和开源工具支持，开发难度相对较低。

在选择 RAG 或微调时，需要权衡任务特点、数据条件、资源限制、可解释性需求以及团队能力等多方面因素。一些任务可能需要将两种方法结合，先用 RAG 生成高质量的伪标注数据，再用微调得到轻量高效的模型。

此外，随着技术的不断进步，RAG 和微调都在快速发展，新的改进方法不断涌现。因此，在决策时也要密切关注最新的研究动态，以便根据实际情况灵活调整策略。无论选择哪种方法，前期的数据分析、问题定义以及持续的实验优化都是项目成功的关键。选择合适的大模型优化方法只是一个起点，后续的迭代优化和落地应用也同样重要。

1.3.3 RAG 和微调的结合趋势

虽然 RAG 和微调各有所长，但它们并非对立的技术路线。恰恰相反，两者可以在多个层面上互补结合，形成更加强大的端到端学习范式。RAG 和微调可以在数据层面形成闭环。例如，RAG 可以利用无监督文本生成高质量的伪标注数据，而微调则在此基础上训练出更加精准的任务模型。反过来，经过微调的模型也可以指导 RAG 的检索过程，提升召回准确性。

在模型层面，同样可以实现 RAG 和微调的一体化。这一过程涉及将检索和生成视为序列建模的两个子任务，并将它们整合至统一的编码器-解码器架构中，进行端到端的训练和优化。例如，ReALM（reference resolution as language modeling，参考解析作为语言建模）模型已经探索了这个方向。此外，把 RAG 作为微调的知识增强模块，将 RAG 检索得到的外部信息作为额外的嵌入向量输入，以补充微调模型的知识盲区。这为提升模型在跨领域、长尾问题上的泛化能力提供了新思路。

RAG 和微调分别代表了知识驱动和数据驱动的两大范式，但它们并非水火不容。未来，深度挖掘两者的协同效应，将是推动自然语言理解走向更高智能的关键。自然语言处理领域的工作者应该打破思维定式，积极拥抱多元技术。

1.3.4 小结

本节系统梳理了自然语言处理领域中 RAG 和微调这两种主流技术范式的原理、异同、适用场景及其实践效果。通过案例分析，我们看到，RAG 擅长融合外部知识处理开放域任务，微调则专注于利用标注数据适配垂直场景。这两大范式分别代表了知识驱动和数据驱动的研究思路。

展望未来，RAG 和微调仍大有可为。一方面，RAG 可以在知识检索、表示融合、计算优化等方面精益求精，不断拓展应用范围。另一方面，微调将在提升泛化能力、支持少样本学习、实现持续优化等方面持续进步，充分发挥已有知识的价值。

更重要的是，这两种范式正呈现深度融合的趋势。从纵向来看，它们可以在数据、模型、任务等不同层面形成闭环，通过迭代增强来相互促进。从横向来看，面向多模态应用的拓展，需要 RAG 和微调携手并进，深化知识和数据的跨域表示和建模，推动自然语言处理领域从感知智能走向认知智能。

1.4 RAG 和长上下文

尽管大模型（如 ChatGPT、ChatGLM、Llama 等）在自然语言处理领域取得了突破性进展，但在实际应用中，它们在处理长序列时仍然面临显著的局限。前文已经提到，Transformer 模型在处理长文本时，其计算复杂度与序列长度的平方成正比，其计算开销和显存消耗会随着输入序列的增长而大幅度增加。此外，Transformer 在编码位置信息方面的局限性，也影响了其处理长距离依赖的能力。

为了缓解上述问题，早期的大模型通常将上下文限制在一定的上下文窗口内，如 512 或 1024 个 token（词元）。然而，这种上下文长度[①]的限制也影响了模型生成高质量文本的能力。上下文窗口过短，可能导致生成的文本无法保持语义一致性和知识的连贯性。

举个例子，假设我们有一个长度为 2048 个 token 的文本序列，如果上下文窗口设置为 512 个 token，那么模型在生成第 1000 个 token 时，只能访问前 512 个 token 的信息，无法访问更早的内容。这会导致全局信息缺失，影响文本生成的质量。

为了解决上下文长度限制的问题，研究者们进行了多方面的探索。支持更长上下文的大模型开发主要有两种思路：一种是在预训练阶段设计新的大模型架构（如 MetaAI 的 MetaByte），以支持更长的输入长度；另一种是在微调阶段引入一些新方法，如聚焦式 Transformer（focused Transformer，FoT）、带线性偏置的注意力（attention with linear biases，ALiBi）等。不过，这些解决方案也带来了一些问题。例如，训练大模型需要更多的计算资源，不仅需要消耗更大的成本，而且所需的长上下文相关数据集也比普通数据集更难获取。没有相关性的长

---

① 指 token 数量。

文档可能无法达到良好的训练效果。

与长上下文大模型的改进方法相比，将大模型与 RAG 框架相结合的方法则提供了另外一种解题思路。这种方式允许模型访问海量的外部知识，不受自身上下文窗口大小的限制。同时，RAG 能够学习如何有效利用检索到的知识，提升生成文本的质量。但在有限的上下文环境下，RAG 仍面临以下挑战。

- 检索精准性：RAG 需要在短上下文中准确理解查询意图，优化相关性打分和排序算法，提高检索结果的相关性和匹配度。
- 知识完整性：RAG 需要在有限空间内提供尽可能完整、关键的知识片段，平衡信息密度和可读性，确保片段之间的连贯性和上下文关联。
- 知识融合和上下文适应：RAG 需要高效地融合检索到的知识片段与原有上下文，形成连贯自然的文本，同时考虑风格、语气、视角等方面的一致性。
- 知识库更新和维护：RAG 需要频繁地对知识库进行修订、扩充和优化，具有高效的知识获取、过滤和整合机制，并定期评估和优化知识库质量。

随着技术的发展，当前的大模型已经能够处理非常长的上下文，例如 Kimi 智能助手已支持 200 万字的上下文，而 GPT-4 则支持 32 768 个 token（约 2.5 万字）。随着大模型上下文长度的增加，是否意味着对 RAG 的依赖会减少，甚至不再需要 RAG 呢？答案是否定的。大模型和 RAG 在突破上下文长度限制方面各具优势，两者相辅相成。大模型通过提升自身对长序列的建模能力，在生成连贯、信息丰富的长文本方面展现出色的表现。而 RAG 则利用外部知识库实现了知识的动态检索和融合，提供了更具可解释性、可扩展性和领域适应性的解决方案。

1.5 总结

本章全面探讨了 RAG 这一新兴的研究范式。首先，通过梳理注意力机制、Transformer 架构以及大模型的发展脉络，引出了传统语言模型在知识获取与表示方面的局限性。接着，本章系统地讲解了 RAG 的定义与实现，并从开放域对话、可靠性挑战等多个角度，深入剖析了 RAG 的独特价值。一方面，RAG 通过动态检索和融合外部知识，有效突破了语言模型在知识覆盖广度和深度上的瓶颈，使它们能够应对复杂多变的开放域对话需求。另一方面，RAG 赋予了语言模型以外部事实依据，减轻了它们在生成过程中的幻觉问题，提升了输出内容的可信度和可解释性。

本章还系统梳理了 RAG 和微调两种范式的异同，从特性、适用场景等方面进行了详细对比。总的来看，RAG 更擅长处理知识密集型的开放域任务，而微调则专注于利用标注数据快速适配特定垂直场景。

此外，本章还探讨了大模型的上下文长度对 RAG 技术的影响。一方面，大模型在长序列建模上的进展，在一定程度上弥补了传统语言模型的局限。但另一方面，RAG 仍然凭借它在外部知识管理、可解释性、可扩展性等方面的优势，与大模型形成了互补。未来，随着大模型和 RAG 的进一步结合，它们有望在知识密集型任务上取得更大突破。

第 2 章
RAG 框架详解

在 RAG 框架中,系统会对所有的用户输入进行外部知识库的检索。然而,并非所有用户查询都需要触发检索这一机制。判断是否触发检索是 RAG 技术中的关键环节。在触发检索之后,系统面临的下一个任务是对检索到的外部知识进行评估和有效整合。这涉及在大模型自身知识与外部知识之间取得动态平衡的过程。本章将深入探讨这些问题,并对常见的 RAG 范式进行介绍。

2.1 触发检索的判断策略

在一般的 RAG 流程中,通常需要通过检索获取当前查询的候选上下文,并通过相似度和提示工程对召回信息进行过滤和约束。然而,如果用户的问题超出知识库范围,检索到的候选信息可能会导致大模型答非所问。此外,在庞大的知识库中进行准确检索需要一定的资源和时间,可能影响用户的体验。因此,不是所有的查询都需要经过检索逻辑,判断某次查询是否需要通过检索知识库补充相关上下文,是 RAG 系统应当具备的能力。

RAG 系统执行判断逻辑的流程如图 2-1 所示。判断是否触发检索是 RAG 系统的核心模块之一,其作用是在给定用户查询的情况下,决定是否需要从外部知识库中检索信息以辅助回答问题,这一决策过程需要综合考虑多方面因素,并平衡检索的成本与收益。下面我们从几个角度来深入探讨触发检索的判断策略。

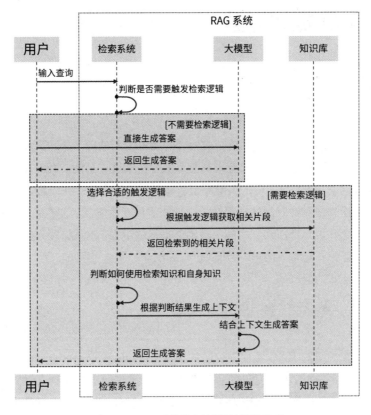

图 2-1 RAG 系统执行判断逻辑的流程

2.1.1　基于相关性的触发策略

在 RAG 系统中,判断是否触发检索的一个直观依据是评估查询与知识库的相关性。如果查询与知识库高度相关,超过了预设的阈值,则触发检索更有助于提供有价值的信息;反之,如果查询与知识库无关,则进行检索的意义不大。

(1) 传统的相关性计算

传统的信息检索通常基于词频统计(如 TF-IDF)等方法来评估查询与文档的相关性。这些方法的基本假设是:用户查询与文档中共现的关键词越多,两者的相关性就越高。但这种基于词的匹配方式存在以下局限性。

- 无法处理词语的同义关系,比如"挑战"和"困难"在语义上相近,但在字面上完全不同,传统方法难以捕捉这种语义上的相似性。
- 难以理解词语在上下文中的具体含义,比如"Apple"既可以指水果"苹果",也可以指苹果公司,传统方法难以根据上下文判断准确含义。

因此,仅依靠词频统计来度量查询与知识库的相关性,往往难以取得理想效果。

(2) 语义相关性计算

为了克服传统方法的不足,研究者提出了多种语义相关性计算模型,这些模型从文本的上下文信息中学习词汇的语义表示,再根据表示的相似度来估计相关性。以下是一些常见的基于语义相关性计算的模型。

- 主题模型:如隐含狄利克雷分配(latent Dirichlet allocation, LDA)和潜在语义分析(latent semantic analysis,LSA)等。LDA 通过对文本的主题分布进行建模,在主题空间中度量相关性;而 LSA 通过矩阵分解技术揭示文档间的潜在结构和关系。

- 分布式表示模型：如 GPT 和 BERT 等，这些模型通过词嵌入技术将词语映射到连续的向量空间，通过向量运算（如计算余弦相似度）来度量文本的相关性。
- 交互式匹配模型：如深度结构化语义模型（deep structured semantic model，DSSM）、ColBERT（contextualized late interaction over BERT）等，这些模型通过多层神经网络学习查询与文档之间的交互匹配模式，直接给出相关性度量。

语义相关性计算可以在一定程度上弥补词汇匹配的不足，挖掘文本的深层次语义信息。但现有方法仍然难以完全理解自然语言的复杂语义，且推理能力有限。

(3) 基于知识图谱的相关性计算

随着知识图谱的发展，研究者们开始尝试利用这一结构化的知识库来增强查询与文档之间的相关性计算。知识图谱由实体、关系和属性等要素构成，它们为理解查询意图提供了丰富的背景信息。基于知识图谱的相关性计算主要有以下几种思路。

- 知识链接：将查询和文档中的实体、概念链接到知识库中，利用知识库中的结构信息（如实体的分类层次、属性和关系等）来扩展和丰富语义表示。
- 知识路径：挖掘查询实体到文档实体之间的多条关系路径，将语义相关性转化为图上的路径相似性问题。
- 知识表示学习：同时学习文本和知识库的低维嵌入表示，使得语义相似的文本和知识要素在嵌入空间中距离更近。

引入知识图谱有助于将相关性计算从词面匹配扩展到实体、关系层面的匹配，这在一定程度上模拟了人类利用背景知识进行相关性判断的过程。但知识图谱的构建成本较高，覆盖范围有限，难以适应开放域的海量异构数据。

2.1.2 基于问题类型的触发策略

除了评估查询与知识库的相关性之外，不同类型的问题对知识的依赖程度也有所差异。通过对问题进行分类，我们可以实现差异化的检索触发策略。以下是几种常见的问题分类方式。

(1) 事实类问题与观点类问题

事实类问题往往有确定的答案，需要从知识库中找到相应的事实依据。比如"华为公司的创始人是谁"或者"太阳系中最大的行星是什么"等。这类问题触发检索的优先级较高。

观点类问题没有统一的标准答案，更多依赖于主观判断和逻辑论证。比如"你觉得 AI 会取代人类吗"或"未来电动汽车的发展前景如何"等。这类问题触发检索的必要性相对较低，更需要发挥语言模型的分析与延展能力。

(2) 封闭域问题与开放域问题

封闭域问题局限在某个特定领域，其范围、词汇和语义相对集中。比如"国际象棋的移动规则是什么""鲁迅《狂人日记》的主要内容是什么"等。对于系统已有知识覆盖较全面的封闭域，触发检索的阈值可以设置得较高。

开放域问题的主题则更为广泛，可能跨越多个领域。比如"英国和美国的教育制度有何区别""人工智能会给社会带来哪些影响"等。面对开放域问题，系统往往难以预置足够的知识，需要更积极地利用外部信息源，因此触发检索的阈值应设置得较低。

(3) 简单问题与复杂问题

简单问题通常只涉及单一事实或少量实体，可以用相对简洁的答案来回复。比如"谁是现任美国总统""水的化学式是什么"等。这类问题一般不需要复杂的推理，通过检索少量高质量的证据即可。

复杂问题则往往包含多个子问题，需要综合多方面知识并进行多步推理才能得出答案。比如"第一次工业革命对欧洲社会产生了哪些深远影响"或者"量子计算机的原理是什么，目前的发展现状如何"等。对于这类问题，可能需要多轮检索、反复迭代才能归纳出完整的答案。因此，复杂问题触发检索的频率和强度都高于简单问题。

2.1.3　基于交互历史的自适应触发

在用户与 RAG 系统的动态交互过程中，用户的知识需求可能会不断变化。除了固定的检索触发策略外，理想的 RAG 系统还应该具备根据交互历史动态调整检索策略的能力。以下是实现这种自适应触发的一些可能思路。

(1) 问题演化追踪

RAG 系统应该能够理解用户问题之间的联系，识别问题的脉络。前后问题之间的关联性越强，就越有必要继承前一次检索的结果，减少重复性检索。

(2) 反馈学习

RAG 系统可以通过用户的交互反馈来评估与优化检索触发策略。如果用户对某次检索结果表示满意，或进行了正向的交互（如点赞、追问等），则可以适当提高该类型问题的检索触发阈值；反之，如果检索结果并未被用户采纳，则应降低阈值以减少无效检索。

(3) 个性化定制

由于不同用户的知识背景、兴趣爱好、交互习惯可能存在较大差异，因此 RAG 系统应该能根据用户的历史行为和个人特征，定制个性化的检索触发策略。比如，对于热衷于探索新知识的用户，可以适当提高检索的触发频率；而对于更看重答案简洁性的用户，则应提高检索触发的精准度和效率。

2.1.4 基于知识库状态的触发调整

知识库并非一成不变，而是随着数据的补充和更新而动态变化的。因此，RAG 系统在做出检索触发的判断时，除了要考虑用户问题的特点外，还要适应知识库自身的状态变化。下面列出的是基于知识库状态所做出的触发调整策略。

(1) 基于知识库规模的触发策略

当知识库规模较小时，为了扩大知识覆盖面，可以适当放宽检索的触发条件。但随着知识库不断扩充，尤其是引入了高质量结构化知识后，系统没有逐步缩小检索触发的范围。这是因为随着知识库质量的提升，触发检索获得高相关性结果的概率大大增加，从而提高了整体效率。

(2) 基于知识库动态更新的触发策略

知识库通常会定期从外部渠道获取最新信息，以同步前沿动态。因此，热点问题涉及的知识总是在不断更新。此时，即使问题与旧版知识库内容已经高度相关，也有必要触发增量检索，以确保系统能够提供最新的答案。

综上所述，触发检索的判断需要全面权衡相关性、问题类型、交互历史、知识库状态等多重因素。这本质上可以视为一个多目标优化问题。通过在线学习、强化学习等机器学习范式，RAG 系统可以不断积累经验，形成最佳的检索触发策略。这也是 RAG 系统实现智能化、个性化的关键所在。

2.2 大模型自身知识和检索知识的平衡

在 RAG 系统中，触发检索并获得相关知识片段后，如何权衡大模型自身知识和检索知识，是生成高质量答案的关键。这一过程涉及检索知识与自身知识之间的冲突解决、互补融合等问题。下面我们将从多个角度展开讨论。

2.2.1 检索知识与大模型自身知识的冲突解决

理想情况下，检索知识应该与大模型自身知识形成互补，为答案生成提供更多信息。但在现实中，两者难免存在不一致甚至矛盾的情况。造成冲突的原因可能有以下几点。

(1) 知识版本不一致

大模型的训练数据与知识库的知识在时效性上可能存在差异。比如对于"2022 年世界杯冠军"这类时间敏感的问题，如果大模型的训练数据停留在 2021 年，而知识库已经更新到 2022 年世界杯的结果，两者就会出现版本上的冲突。

(2) 知识可信度不一致

大模型的训练数据往往经过人工筛选和清洗，知识可信度相对较高。而检索到的知识片段可能来自互联网等开放渠道，难免掺杂一些无意义甚至错误的信息。如果盲目采纳这些检索片段，反而会降低答案质量。

(3) 知识粒度不一致

大模型习得的知识往往是高度结构化、细粒度的。而检索片段可能是以自然语言形式表达的，存在宏观论述或抽象概念，在粒度和风格上与模型知识不匹配,难以直接对齐和融合。

面对以上种种冲突情况,RAG 系统需要具备甄别、调停的能力。下面提供一些可能的解决思路。

- 基于来源可信度的加权:对检索知识和自身知识的可信度进行打分,为不同来源的知识赋予权重。可信度评估可以综合考虑知识来源的权威性、时效性等因素。在最终答案生成时,给予高可信度知识更大的影响力。
- 基于知识时效性的优先级排序:引入知识的时间戳信息,对可能变动的知识实施多版本管理。优先采纳最新版本的知识,以保证答案的时效性。对于时间敏感度高的问题,可以通过设置阈值,对一定时间跨度内的过期知识进行自动淘汰。
- 基于内容一致性的冲突检测:比较检索知识和自身知识的内容重合度,识别可能存在冲突的部分。可以利用语义匹配、文本蕴含等自然语言处理技术,判断这两部分知识是否存在逻辑矛盾。对检测出的冲突,可以进一步比对知识的可信度、时效性等属性,决定取舍。
- 基于逻辑一致性的知识修补:当检索知识与自身知识存在局部冲突时,可以尝试对知识进行修补,以恢复逻辑一致性。比如,可以通过替换特定实体、修改数值、删除错误片段等操作,使检索知识与自身知识在保持核心语义的基础上趋于一致。这类修补操作可以借助大模型的文本生成和编辑能力来完成。

2.2.2 检索知识与大模型自身知识的互补融合

解决了检索知识与大模型自身知识之间的冲突后,RAG 系统还需要进一步实现这两部分知识的互补融合,以生成连贯、完整的答案。在这一过程中,我们可以借鉴多文档摘要和问答任务中常用的融合思路，以提升融合效果。接下来，将介绍几种基于这些任务的常用方法。

(1) 内容正交性分析：通过比较检索知识和大模型自身知识的内容差异，可以确定它们在答案生成中的互补性。利用主题模型、关键词提取等技术，可以从宏观层面对比两者的主题分布。互补性越强的知识，在后续的融合过程中应赋予越高的权重。

(2) 跨粒度语义对齐：鉴于检索知识和大模型自身知识的粒度差异，需要进行跨粒度语义对齐。可以先对检索片段进行语义解析、关系抽取，生成与大模型知识粒度相匹配的结构化表示，再将这些对齐后的知识进行融合。

(3) 多文档摘要：我们还可以将大模型自身知识和检索知识看作多个候选答案，利用多文档摘要的方法生成最终答案。一种思路是先对各知识片段进行重要性打分，再按照权重对内容进行筛选、拼接和压缩，形成简洁连贯的摘要。另一种思路是利用端到端的生成模型，将所有片段拼接成一个长文档，并一次性生成完整答案。

(4) 知识蒸馏：借鉴知识蒸馏的概念，我们还可以利用检索知识对大模型自身知识进行增量学习。将检索到的片段作为"软标签"，在保留大模型自身现有知识的基础上，引导其习得新的知识。这种方式可以有效更新大模型的知识库，以适应动态变化的信息环境。

上述的几种融合方法需要对模型架构、训练范式进行较大改动。在实践中，一种更轻量级的方法是利用提示工程来引导模型在两类知识之间进行权衡取舍。下面介绍两种常用的提示工程策略。

1. 人工提示模板

通过设计模板，帮助模型在生成答案时灵活调整不同来源知识的参考比例。例如，可以采用如下人工提示模板明确指示模型的参考优先级：

```
根据以下线索，请回答问题。优先参考线索1，其次是线索2，最后是你自身的知识。
线索1：{检索知识}；  线索2：{上下文知识}；{自身知识}
```

这种硬编码的方式虽然直观，但灵活性不足，难以适应多样化的问答场景。

2. 软提示+奖励建模

为了提升灵活性，更高阶的方法是让模型自主学习如何平衡检索知识和自身知识。这可以通过软提示+奖励建模的方式实现。在生成答案的同时，模型还需要预测一个"参考比例"向量，表示答案中采纳不同来源知识的比例。这个过程可以用软提示引导，生成答案的格式示例如下：

```
请用如下格式生成答案：
答案：{answer}
知识参考：[外部来源：{percentage}，内部来源：{percentage}]
```

在训练时，系统将对答案质量进行评估，给出一个奖励分数，并根据人工标注的参考比例，对模型预测的参考比例进行监督。模型的目标是最大化最终的奖励分数，从而学会自适应地调整检索知识和自身知识的参考比例。

这种基于软提示和奖励建模的动态权衡方法，可以帮助模型根据不同问答场景的需要，灵活地利用检索知识和自身知识，生成最优答案。

2.2.3 小结

在RAG系统中，如何有效权衡大模型自身知识与检索知识，是答案生成过程中至关重要的一环。通过显式的冲突检测和知识修补，系统可以维护知识的逻辑一致性；通过互补性分析和跨粒度对齐，系统可以最大化不同来源知识的价值；通过软提示和奖励学习，可以让系统具备动态调控知识权重的能力。这是一个亟需持续探索的研究方向。

尽管 RAG 系统的研究进展迅速，但它在知识权衡上还有更大的优化空间，比如引入因果推理、常识增强等高级功能，让系统更"智能"地整合多源异构知识。

2.3 RAG 常见范式

根据知识检索和融合方式的不同，RAG 可以分为多种典型的实现范式。本节将重点介绍几种常见的 RAG 范式，包括顺序式、分支式和循环式。

2.3.1 顺序式 RAG

顺序式 RAG 的执行流程如图 2-2 所示，这是一种最基本、最直观的 RAG 范式。它按照线性顺序依次执行步骤，形成一条固定的处理流水线。具体流程包括如下几个步骤。

(1) 知识检索

系统根据用户查询，首先从外部知识库中检索出与查询相关的知识片段。常见的检索方法包括基于关键词匹配的布尔检索、基于向量空间模型的相似度检索和基于语义解析的结构化检索。知识检索阶段的目标是尽可能召回与查询相关的知识，为后续的答案生成提供充足的素材。

(2) 筛选与排序

初步检索得到的知识片段可能存在数量庞大、冗余度高的问题，需要进一步对知识进行筛选和排序，以提取最核心、最相关的内容，提高后续处理的效率和准确性。常见的策略包括基于相关性打分的 top-k 选取、基于知识质量和时效性的过滤以及基于知识多样性与互补性的重排。

(3) 知识融合

在获得优质的知识片段后,需要将它与查询进行融合,形成逻辑自洽的上下文,为下一步的答案生成做准备。融合方法包括基于模板的拼接、填充,基于句法、语义解析的知识对齐,以及基于半结构化表示(如知识图谱)的知识整合。

(4) 答案生成

在融合后的上下文基础上,利用大模型(如 DeepSeek、Llama、Qwen 等)生成最终答案。生成过程通常采用自回归的解码器结构,即根据前序 token 预测下一个 token,直至遇到终止符。为了提高生成答案的真实性,一些研究工作鼓励大模型更多地利用外部知识回答问题。

图 2-2 顺序式 RAG 的执行流程

顺序式 RAG 的优点是结构简单、流程清晰,易于实现和优化。但它也存在一定局限性,如知识筛选和融合的效果严重依赖于检索质量、缺乏动态调优的反馈机制,以及应对复杂问题的灵活性不足。

实现一个顺序式 RAG 的伪代码示例如下:

```
from langchain.prompts import PromptTemplate
from langchain.chains import RetrievalQA

# 定义提示模板
```

```
prompt_template = """
根据以下已检索到的知识片段,请回答最后的问题:

{context}

问题: {question}
"""

prompt = PromptTemplate(
    input_variables=["context", "question],
    template=prompt_template
)

kb = ...    # 从外部加载知识库
retriever = ...    # 初始化检索器

# 初始化检索问答链
qa_chain = RetrievalQA(retriever=retriever, prompt=prompt)

# 执行问答
result = qa_chain({"question": user_question})
```

2.3.2 分支式 RAG

为了克服顺序式 RAG 的局限性,研究者提出了分支式 RAG,其执行流程如图 2-3 所示。它在知识检索和答案生成之间引入分支结构,根据问题类型、知识特征等动态选择不同的处理路径,从而提高系统的适应性。

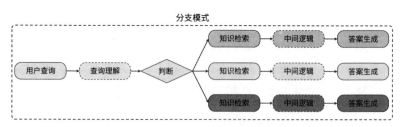

图 2-3 分支式 RAG 的执行流程

我们可以通过以下几种不同类型的分支来实现动态选择。

1. 基于问题类型的分支

不同类型的问题对知识的依赖程度和所需知识的特征差异很大。分支式 RAG 通过对问题进行分类，为不同类型的问题设计定制化的知识检索和生成策略。这里我们不再赘述问题类型的详细分类（可参见 2.1.2 节），而是重点介绍如何在代码实现中体现这种分支逻辑。以下是一个简单的示例，展示如何基于不同类型的问题实现分支式 RAG：

```python
from langchain.prompts import PromptTemplate
from langchain.chains import RetrievalQA
from langchain_community.llms import Ollama


# 定义问题分类器
def classify_question(question: str) -> str:
    # 这里可以使用更复杂的分类算法,如基于规则、机器学习等
    if any(keyword in question.lower() for keyword in ["谁",
        "哪里", "什么时候"]):
        return "factual"
    else:
        return "opinion"

# 定义不同类型问题的提示模板
factual_prompt = """
请基于以下知识,简洁准确地回答这个事实性问题:
{context}
问题: {question}
答案:
"""

opinion_prompt = """
请基于以下知识,并结合你的分析,回答这个开放性问题:
{context}
问题: {question}
观点:
"""

retriever = ... # 初始化检索器
# 初始化 DeepSeek-R1 模型
llm = Ollama(
    model="deepseek-r1:7b",
    temperature=0.2,  # 降低创造性以提升准确性
    context_size=4096
```

```python
)

# 创建不同类型问题的问答链
factual_qa = RetrievalQA.from_chain_type(
    llm=llm,
    chain_type="stuff",
    retriever=retriever,
    chain_type_kwargs={
        "prompt": PromptTemplate(
            template=factual_prompt,
            input_variables=["context", "question"]
        )
    }
)

opinion_qa = RetrievalQA.from_chain_type(
    llm=llm,
    chain_type="stuff",
    retriever=retriever,
    chain_type_kwargs={
        "prompt": PromptTemplate(
            template=opinion_prompt,
            input_variables=["context", "question"]
        )
    }
)

# 主函数：根据问题类型选择相应的问答链
def answer_question(question: str) -> str:
    question_type = classify_question(question)
    if question_type == "factual":
        return factual_qa.run(question)
    else:
        return opinion_qa.run(question)

# 使用示例
print(answer_question("谁发明了电话?"))
print(answer_question("你认为人工智能会取代人类工作吗?"))
```

2. 基于知识特征的分支

即使问题类型相同，其涉及的外部知识也可能在覆盖范围、结构化程度、质量可信度等方面存在显著差异。分支式 RAG 可以根据待检索知识的特征，动态选择适配的处理分支。比如：

- 针对不同知识源（如百科、新闻、论坛），采用不同的检索引擎和排序算法；
- 针对不同结构化程度的知识，采用不同的知识解析和融合方法；
- 针对不同质量级别的知识，对答案生成过程施加不同程度的约束。

通过基于知识特征的分支，RAG 系统可以更灵活、更智能地利用外部知识，提高答案的准确性和可解释性。

3. 基于领域的分支

现实世界的知识领域众多，不同领域在知识的组织形式、语言风格、推理逻辑等方面差异很大。比如医疗领域知识依赖专业术语和因果推断，而法律领域知识则强调逻辑论证和例证类比。为了更好地适应不同领域，分支式 RAG 可以为每个领域单独设计一套检索、融合、生成流程，形成一个领域自适应的管道（pipeline）。

值得注意的是，上述几种分支类型并非互斥，而是可以灵活组合，形成一个多层级、嵌套的分支式 RAG。通过在顺序流程中引入问题类型、知识特征、领域专属等多个分支点，RAG 系统可以更全面、更精细地把握问题特点和知识属性，做出最优的动态决策，提升整体的问答性能。

实现一个分支式 RAG 的伪代码示例如下：

```
from langchain.prompts import PromptTemplate
from langchain.chains import RetrievalQA

# 定义提示模板
fact_prompt = """
根据以下知识,请回答这个事实类问题:
{context}

问题: {question}
"""
```

```python
opinion_prompt = """
根据以下知识,请回答这个观点类问题,并给出你的看法:
{context}

问题: {question}
"""

# 定义问题分类器
def classify_question(question: str) -> str:
    ...  # 实现问题分类逻辑

# 加载知识库和检索器
kb = ...
fact_retriever = ...
opinion_retriever = ...

# 初始化问答链
fact_qa = RetrievalQA(retriever=fact_retriever,
                     prompt=PromptTemplate(input_variables=
                         ["context", "question"],
                         template=fact_prompt))

opinion_qa = RetrievalQA(retriever=opinion_retriever,
                        prompt=PromptTemplate(input_variables=
                            ["context", "question"],
                            template=opinion_prompt))

# 执行问答
question_type = classify_question(user_question)
if question_type == "fact":
    result = fact_qa({"question": user_question})
else:
    result = opinion_qa({"question": user_question})
```

然而,分支式 RAG 也存在一定的局限性。它虽然增强了灵活性,但也引入了分支选择的不确定性。如何根据问题和知识的特征,准确预测最优分支,是一个具有挑战性的任务。此外,分支式 RAG 的训练和调优也比顺序式 RAG 更复杂,需要更多的标注数据和算力支持。

2.3.3 循环式 RAG

顺序式 RAG 和分支式 RAG 虽然都在一定程度上利用了外部知

识,但它们对知识的利用往往是线性、浅层的。为了更充分、更深入地挖掘知识的价值,研究者提出了循环式 RAG。

循环式 RAG 的执行流程如图 2-4 所示,其核心思想是:将知识检索和语言生成视为一个迭代循环的过程,每一轮循环都基于上一轮的结果,对知识进行更细粒度的检索和更深层次的融合,直到生成满意的答案。

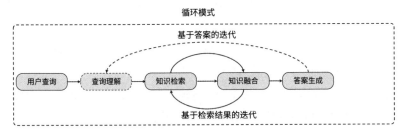

图 2-4 循环式 RAG 的执行流程

具体来说,循环式 RAG 在以下几个方面展现出其独特性。

(1) 知识检索的深化

与顺序式 RAG 和分支式 RAG 类似,循环式 RAG 的每一轮迭代也是从知识检索开始的。但与前两者不同的是,随着迭代的进行,知识检索器不再局限于原始的查询,而是根据前几轮生成的中间结果,动态调整检索的目标和策略。在这一过程中,知识检索将执行以下几种任务。

- 基于中间结果重构查询,挖掘关键信息,拓展原始查询。
- 融合历史检索结果,调整知识相关性打分。
- 引入新的检索线索,发现问题隐含的新线索,拓宽检索范围。

通过迭代检索,系统可以逐步缩小与问题真正相关的知识范围。每一轮检索器都会吸收前几轮的反馈,生成更聚焦、更深入的查询,直到召回足够丰富和准确的知识。

(2) 知识融合的增强

知识融合在循环式 RAG 中承担着更为复杂的任务。与前两种范式相比，它需要处理的不再是静态、一次性的知识片段，而是动态演化、多轮累积的知识序列。知识融合器的任务主要有以下几项。

- 知识冲突检测：识别多轮检索结果中的共性和差异，判断是否存在逻辑冲突。
- 知识增量更新：在上一轮融合结果的基础上，融入新检索到的知识，形成连贯的知识表示。
- 知识推理拓展：利用常识、逻辑规则等，对融合后的知识进行拓展，以填补其中可能存在的知识空白。

为了实现动态融合，知识融合器一般采用基于图的表示结构，如知识图谱、概念图等。每一轮迭代都相当于在已有图上添加新的节点和边，使其覆盖范围不断扩大、结构不断丰富。

(3) 答案生成的优化

循环式 RAG 中的答案生成与前两种范式的区别在于，它所面对的不再是原始的查询，而是融合了多轮检索结果的知识增强型查询，其重点在于以下几个问题。

- 知识覆盖评估：度量当前融合的知识是否足以支撑答案生成，如果覆盖不足，则触发新一轮的检索迭代。
- 知识归因与引用：对于答案中的关键信息，定位到支撑性的外部知识，形成可解释、可信的论述链条。
- 答案优化与迭代：评估当前答案的质量，必要时对生成答案进行重写，直到满足特定的质量标准为止。

循环式 RAG 的答案生成过程，本质上是一个渐进式的知识积累和语义构建过程。每一轮迭代都在扩充问题的背景知识，细化答案的内容，提高语义的连贯性，最终形成一个涵盖广泛、逻辑自洽的答案文本。

实现一个循环式 RAG 的伪代码示例如下：

```
from langchain.prompts import PromptTemplate
from langchain.chains import ConversationalRetrievalChain

# 定义提示模板
qa_prompt = """
根据以下对话历史和检索到的知识，请继续这段对话，尽可能解答问题。
如果知识不足，请提出需要补充了解的问题，不要编造知识。

对话历史：
{chat_history}

已检索知识：
{context}

问题：{question}
"""

# 加载知识库和检索器
kb = ...
retriever = ...

# 初始化问答链
qa_chain = ConversationalRetrievalChain(
    retriever=retriever,
    prompt=PromptTemplate(
        input_variables=["chat_history", "context", "question"],
        template=qa_prompt
    ),
    return_source_documents=True
)

chat_history = []
while True:
    user_question = input("用户: ")
    result = qa_chain({"question": user_question,
                       "chat_history": chat_history})
```

```
chat_history.append((user_question, result["answer"]))
print(f'助手: {result["answer"]}')

if result['source_documents']:
    print(f"参考知识: {result['source_documents']}")

if "请问还有什么需要补充的吗?" in result["answer"]:
    break
```

2.3.4 小结

通过对顺序式、分支式和循环式这三种 RAG 范式的系统梳理，我们可以看到，它们在构建处理流程、设计分支逻辑、实现迭代优化等方面，各自有不同的特点和优势。表 2-1 概括了这三种范式的优缺点和适用场景。

表 2-1 三种 RAG 范式的对比

RAG 范式	优点	缺点	适用场景
顺序式	结构简单，易实现	缺乏反馈机制，难处理复杂问题	知识库结构化程度高，问题类型单一
分支式	引入动态决策，适应性强	分支选择困难，训练调优复杂	问题类型多样，对答案质量要求高
循环式	多轮检索与生成，挖掘知识深度	计算开销大，收敛性难保证	问题开放性强，需多跳推理

需要指出的是，这三种范式并非完全独立和对立的，而是可以相互借鉴和融合的。例如，我们可以在顺序式 RAG 的基础上，引入基于问题类型的分支，提高对不同问题的适应性；也可以在分支式 RAG 的每个分支中，嵌入循环式的迭代优化过程，实现更细粒度的知识挖掘。

实际上，不同的 RAG 系统在设计时会根据自身的知识库特点和问答业务需求，综合运用这三种范式。设计者们会灵活设计端到端的系统架构，力求在效果、效率、可解释性等维度达到最佳平衡。

2.4 总结

本章首先探讨了 RAG 的核心问题：是否需要触发检索。这一判断过程需要综合考虑多种因素，包括问题类型、知识特征、用户交互历史等。接着，我们讨论了如何在 RAG 系统中有效地平衡大模型自身知识与检索知识。如何解决两者之间的冲突，以及如何通过互补融合提升答案的完整性，都是 RAG 系统设计中需要考虑的关键问题。

最后，我们系统梳理了 RAG 的三种典型范式：顺序式、分支式和循环式。每种范式都有其独特的优势和局限，需要根据具体应用场景进行合理选择与优化。

第 3 章

RAG 数据构建

在第 1 章中,我们已初步介绍了 RAG 的基本构建流程。可以看到,RAG 的关键技术之一是向量检索,而向量化是 RAG 系统的基石。如何存储向量化数据,直接影响 RAG 的检索使用效率,而对数据的处理和索引方式,同样直接影响了系统的效果。因此,本章将主要讲解向量化的相关内容,接着探讨向量数据库,最后给出数据解析与处理的常见方法。

3.1 向量化技术概述

3.1.1 引言

向量化技术是一种将离散变量(如单词、用户 ID 等)映射到连续向量空间的方法。在这个向量空间中,语义相似的对象会被映射到相邻的位置,从而让计算机能够更好地理解和处理这些离散变量之间的关系。向量化技术广泛应用于自然语言处理、推荐系统、计算机视觉等领域,它是现代人工智能的重要基石之一。

在自然语言处理等任务中,我们希望将每个单词映射到一个固定维度的连续向量,这个向量能够捕捉单词的语义信息,使得语义相似的单词（如"king"和"queen"）在向量空间中距离较近，而语义不相关的单词（如"king"和"apple"）在向量空间中距离较远。我们可以将向量化过程形式化地定义为一个映射函数：

$$f: \mathcal{V} \to \mathcal{R}^d$$

其中，$\mathcal{V}$ 表示离散变量的集合（如单词表），$\mathcal{R}^d$ 表示 d 维实数向量空间。向量化的目标就是学习这个映射函数 f，使得在映射后的向量空间中，相似的对象之间的距离尽可能近，而不相似的对象之间的距离尽可能远。

向量化技术在人工智能领域中的重要性主要在于以下几点。

- **连续化表示**：向量化技术将离散变量映射到连续向量空间，使得我们可以使用连续优化的方法（如梯度下降）来学习模型参数，克服了离散优化的困难。
- **降维**：现实世界中的离散变量集合通常非常大（如自然语言中的单词表），直接对这些高维离散变量进行建模和计算非常困难。向量化通过将离散变量映射到一个相对低维的连续空间，在保留重要信息的同时又降低了计算复杂度。
- **语义关系建模**：向量化技术能够很好地刻画离散变量之间的语义关系。例如，在词向量空间中，向量化可以执行词的类比推理（如"king - man + woman ≈ queen"），从而捕捉词与词之间的语义关系。
- **迁移学习**：预训练的向量模型可以作为下游任务的输入，实现知识的迁移和复用。例如，在自然语言处理中，我们可以使用在大规模语料库上预训练的词向量来初始化下游任务的模型参数，从而提升模型性能。

向量化技术在自然语言处理领域成为 RAG 数据构建的重要工

具，经历了从浅层到深层的演进过程。早期的模型如 word2vec、GloVe、fastText 等，通过简单的神经网络结构在大规模文本语料上学习词语的分布式表示，为后续复杂模型的语义表示奠定了基础。随着深度学习的兴起，以 BERT、GPT 为代表的预训练语言模型通过在海量文本数据上进行自监督学习，习得了更加丰富的语言知识和强大的上下文建模能力。这类模型不仅可以生成更准确、更细粒度的词向量，还能够构建句子和篇章级别的语义表示，为自然语言理解和生成任务带来了革命性的突破。

随着计算能力的不断提升和训练数据的持续积累，面向特定领域和任务的大规模向量模型不断涌现，这些模型从语言、任务、粒度等不同维度拓展了语义表示的边界。尤其是在中文领域，一批高性能、多功能的中文向量模型在评测中脱颖而出，后文我们将结合具体的例子展开介绍。这些模型代表了当前中文自然语言处理技术的前沿水平，并为 RAG 数据的构建提供了有力支持。

3.1.2　向量化技术在 RAG 中的作用

1. 知识表示

在 RAG 系统中，外部知识库中的文档需要转化为语义向量的形式，以便进行快速、精准的检索。这一过程就是知识表示（knowledge representation），其核心是学习高质量的知识向量表示。理想的知识向量应该能够准确捕捉文档的核心语义，并且能够广泛覆盖领域知识。

以维基百科为例，它包含了海量的结构化和非结构化的文档，涵盖了各个领域的知识。为了将这些多样化的文档转化为统一的向量表示，我们通常选择在大规模语料库上进行预训练的语言模型（如 GPT）作为词向量模型的基础。这些预训练模型已经在大量文本数据上学习了丰富的语言知识，具备强大的语义表示能力。在此基础上，我们还需要针对维基百科的特点，对预训练模型进行微调，使它更好地适应百科知识的表示。

举个例子，ReALM 就是一个基于预训练模型的 RAG 系统，它使用 BERT 作为词向量模型的基础模型。在预训练阶段，ReALM 使用维基百科的文本数据对 BERT 进行了微调，同时引入检索任务作为额外的训练目标，使得 BERT 能够更好地捕捉文档之间的语义关系。经过微调，ReALM 将每个维基百科文档都表示为一个 768 维的语义向量。这些向量不仅包含了丰富的百科知识，而且具备强大的语义表示能力，为后续的知识检索奠定了坚实的基础。

2. 语义匹配

拥有高质量的知识向量后，RAG 系统便能基于语义相似度，从庞大的知识库中快速、准确检索到与查询最相关的文档。这个过程本质上是查询向量和文档向量在语义空间上的匹配。理想的语义匹配应该具备以下两个特性：

- 对于语义相似的查询和文档，它们的向量应在向量空间中足够接近；
- 对于语义不相关的查询和文档，它们的向量应在向量空间中保持较远的距离。

这就要求知识向量和查询向量在同一个语义空间中，并且这个语义空间能够很好地反映查询和文档的相关性。为此，我们通常采用与知识向量相同的预训练模型来生成查询向量，保证两者在语义空间上的一致性。同时，我们还会设计专门的相似度计算方法（如点积计算、余弦相似度计算等），以更精准地评估查询和文档在语义空间上的相似程度。

以开放域问答为例，RAG 系统的任务是从维基百科中检索与问题相关的文档,并基于这些文档生成答案。在这个场景中,问题本身就是查询,而维基百科文档则构成了知识库。给定一个问题,RAG系统首先使用预训练模型将它转化为查询向量,然后通过最近邻搜索,找到知识向量空间中最相似的 top-k 个文档。这 k 个文档就是与问题最相关的证据,它们为后续的答案生成提供了重要的支持。

举个具体的例子,假设用户提出了一个问题:"法国的首都是哪里?"RAG系统首先将这个问题转化为查询向量 q,然后在知识向量空间中寻找与之最相似的文档,并通过下式计算查询向量 q 与每个文档向量 d_i 的余弦相似度:

$$\cos(q, d_i) = \frac{q \cdot d_i}{\|q\| \|d_i\|}$$

假设 $k=3$,通过上述运算,RAG系统找到了以下最相关的三个文档,如表3-1所示。

表3-1 RAG获取的最相关的文档示例

文档ID	文档标题	相关片段	余弦相似度
1	巴黎	巴黎是法国的首都和人口最多的城市	0.85
2	法国	法国位于西欧,其首都是巴黎	0.79
3	首都	首都是国家最高政权机关所在地,是全国的政治中心	0.73

可以看到,这三个文档从不同的角度提供了问题的答案,并且每个文档向量与查询向量的余弦相似度也较高。RAG系统利用这些文档作为知识证据,能够生成一个精准、完整的答案,如"巴黎是法国的首都"。通过这个过程,我们可以看出高质量的词向量模型能让RAG系统从海量的知识库中准确找到与查询最相关的证据,为后续的知识集成和答案生成提供可靠的信息。

3.1.3 RAG 任务对向量模型的特殊需求

RAG 系统在处理多种异构数据源和多样化应用场景时，对向量化技术提出了新的挑战和需求。

1. 多模态数据的语义表示统一

在实际应用中，RAG 系统通常需要处理文本、图像、音频、视频等多种模态的数据。例如，在医疗领域的 RAG 系统中，可能同时涉及处理病例文本、医学影像、语音病历等异构数据，并从中检索相关的医学知识。这就要求向量模型能够将不同模态的数据映射到一个统一的语义空间中，以实现跨模态的语义匹配和检索。现有的方法主要分为以下两种。

(1) 构建多模态联合向量模型。这类方法旨在学习统一的语义空间，将不同模态的数据映射到同一空间。以图文匹配任务为例，我们可以设计一个双塔结构的神经网络，分别对图像和文本进行编码，然后通过对比学习等方法，让图像和文本在同一个语义空间中的表示尽可能靠近。

(2) 构建模态特定的向量模型，并进行语义空间对齐。这类方法首先为每种模态构建独立的向量模型，然后通过语义空间对齐的方式，将不同模态的向量映射到一个共同的语义空间中。以图文检索任务为例，我们可以分别为图像和文本构建独立的向量模型，然后通过对齐方法在两个语义空间中找到语义相似的图文对。具体地说，可以使用共享表示层、对比学习等技术，使得在训练过程中，相似的图像和文本在共同的语义空间中尽可能靠近。最终，通过在对齐后的语义空间中进行最近邻搜索等方法，可以实现跨模态的语义检索。

2. 高维语义表示与近似检索的平衡

在 RAG 系统中，知识库通常包含大量的文档、段落等长文本信息。为了实现这些长文本的快速检索,我们需要将它们压缩为较低维度的词向量。然而,过度的压缩可能导致语义信息丢失,影响检索的准确性。因此,RAG 任务需要在向量维度和表示能力之间进行权衡。

一方面,更高维的词向量能够捕捉更丰富的语义信息。以段落向量化为例,我们可以使用基于 Transformer 的预训练语言模型(如 BERT、RoBERTa 等),将段落编码为一个高维(如 768 维或 4096 维)的词向量。这样的向量能够更好地捕捉段落的语义特征,有助于实现细粒度的语义匹配和检索。以下代码展示了如何使用 BERT 模型对段落进行向量化:

```
from transformers import BertTokenizer, BertModel

tokenizer = BertTokenizer.from_pretrained('bert-base-uncased')
model = BertModel.from_pretrained('bert-base-uncased')

def embed_paragraph(paragraph):
    inputs = tokenizer(paragraph, return_tensors='pt',
        padding=True, truncation=True)
    outputs = model(**inputs)
    embedding = outputs.last_hidden_state[:, 0, :].squeeze().
        detach().numpy()
    return embedding
```

另一方面,高维词向量的计算成本较高,且在大规模的知识库中进行相似度检索时面临着巨大的效率挑战。为了解决这个问题,我们可以采用基于向量索引的近似最近邻(approximate nearest neighbor,ANN)搜索技术,如 FAISS(Facebook AI similarity search)、ANNOY(approximate nearest neighbors oh yeah)等。这些技术通过对向量进行索引和量化,实现了亚线性时间复杂度的相似度检索。以下代码以 FAISS 为例,展示了如何使用 FAISS 进行高维词向量的近似最近邻搜索(关于近似最近邻搜索的更多方法,我们将在 3.2 节作详细介绍):

```
import faiss
import numpy as np

# 假设我们有 N 个 D 维的词向量
```

```
N = 1000000
D = 768
embeddings = np.random.rand(N, D).astype('float32')

# 建立 FAISS 索引
index = faiss.IndexFlatL2(D)
index.add(embeddings)

# 对于给定的查询向量,在 FAISS 索引中进行近似最近邻搜索
query = np.random.rand(D).astype('float32')
k = 10
distances, indices = index.search(np.array([query]), k)

# 得到查询向量的最近邻
nearest_neighbors = embeddings[indices[0]]
```

通过 FAISS 等技术,RAG 系统可以在高维词向量和近似检索之间达成较好的平衡,在保证语义表示能力的同时,显著提升检索效率。

RAG 任务对向量化技术提出了特殊需求,即实现多模态数据的语义表示统一以及在高维语义表示与近似检索之间达到平衡。为了满足这些需求,在选择向量模型的时候,我们需要综合考虑不同模态数据的特点、语义信息的丰富度以及近似检索的效率等因素。

3.1.4 向量模型的评估与选择

本节中我们将讨论如何评估向量模型的质量,介绍一些常用的评估指标和基准测试,并总结一些实践经验和技巧。向量模型的质量直接影响下游任务的性能,因此评估和选择合适的模型至关重要。然而,向量模型的评估并非易事,原因主要有以下几点。

- **任务多样性**:不同的自然语言处理任务(如文本分类、命名实体识别、机器翻译等)对向量化的需求不尽相同,很难找到一个放之四海而皆准的评估指标。
- **语义复杂性**:语言的语义是复杂、多样、动态的,很难用简单的数学指标(如相似度、类比关系等)完全刻画向量模型的语义质量。

- **数据依赖性**：向量模型的质量与训练数据的规模、质量、领域等密切相关，在一个数据集上表现良好的模型，在另一个数据集上可能表现平平。
- **模型复杂性**：随着深度学习技术的发展，向量模型变得越来越复杂，很难对其内部机制和行为进行解释和分析。

为了更全面、系统地评估向量模型，我们需要参考当前的 SOTA 模型，以确定模型的相对优劣。这就需要参考一些公认的基准测试和排行榜，其中，智谱和 Hugging Face 于 2023 年 8 月发布的 C-MTEB 就是一个极具参考价值的中文评测基准。

MTEB（Massive Text Embedding Benchmark）是一个用于评估向量模型的大规模基准测试集。它包含了多种自然语言处理任务，如分类（classification）、聚类（clustering）、检索（retrieval）、摘要（summarization）、双语文本挖掘（bitext mining）等，涵盖了自然语言处理领域的主要应用场景。它针对每个任务都设计了合理的评估指标，如准确率、平均精度、F1 值等，以量化模型在不同任务上的表现，如图 3-1 所示。

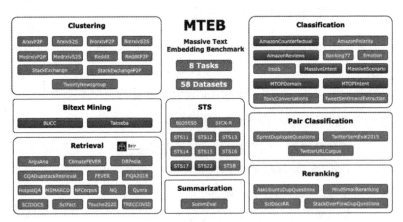

图 3-1 MTEB 评估体系内容

（图片来源：论文"MTEB：Massive Text Embedding Benchmark"）

C-MTEB 是 MTEB 的中文版本，专门用于评估中文向量模型。C-MTEB 提供了一个在线排行榜，方便研究者们比较不同模型的性能表现，如图 3-2 所示。需要注意的是，C-MTEB 并未包含 MTEB 中的摘要和双语文本挖掘任务。

Overall BitextMining Classification Clustering PairClassification Reranking Retrieval STS Summarization

English Chinese Polish

Overall MTEB Chinese leaderboard (C-MTEB) 🏆

Metric: Various, refer to task tabs
Languages: Chinese
Credits: FlagEmbedding

Rank	Model	Model Size (GB)	Embedding Dimensions	Sequence Length	Average (35 datasets)	Classification Average (9 datasets)	Clustering Average (4 datasets)	Pair Classification Average (2 datasets)	Reranking Average (4 datasets)	Retrieval Average (8 datasets)	STS Average (8 datasets)
1	Baichuan-text-embedding		1024	512	68.34	72.84	56.88	82.32	69.67	73.12	60.07
2	xiaobu-embedding	1.3	1024	512	67.28	71.2	54.62	85.5	67.34	73.41	58.52
3	acge-large-zh	0.65	1024	1024	67	73.39	55.89	81.38	66.6	70.96	58.02
4	gte-large-zh	0.65	1024	512	66.72	71.34	53.07	84.41	67.4	72.49	57.82
5	gte-base-zh	0.2	768	512	65.92	71.26	53.86	80.44	67	71.71	55.96
6	tao-8k	0.67	1024	8192	66.5	69.05	49.04	82.68	66.38	71.85	58.66

图 3-2　C-MTEB 在线排行榜

在实践中，我们需要综合考虑以下因素，选择适合目标任务的向量模型。

- **性能表现**：参考基准测试集和排行榜，选择在目标任务上表现优异的模型。
- **计算效率**：考虑模型的参数量、推理速度等，选择与现有计算资源相匹配的模型。
- **易用性**：考虑模型的可访问性、文档完备性、社区支持等，选择易于使用和部署的模型。
- **可解释性**：考虑模型的内部机制及其行为是否可解释，选择符合任务需求和价值观的模型。
- **可扩展性**：考虑模型是否易于微调和扩展，选择具有良好适应性和灵活性的模型。

通过全面的评估和比较，我们可以为特定任务选择最优的向量模型，在提升性能的同时，也兼顾效率、可用性和可解释性等因素。在 LangChain 中，默认的向量模型是 OpenAI Embedding，但由于网络原因，通常难以访问。我们可以从 Hugging Face 平台上下载所需的向量模型，并通过本地加载的方式实现模型的集成。以下代码展示了如何在 Python 中加载并使用 Hugging Face 上的向量模型：

```
from langchain.embeddings.huggingface import HuggingFaceEmbeddings

embed_path = "本地向量模型路径"  # 替换为模型实际路径
device = "cpu"  # 或者 "gpu"，取决于你的硬件配置

embeddings = HuggingFaceEmbeddings(model_name=embed_path,
    model_kwargs={'device': device})
```

3.1.5 小结

向量化技术是自然语言处理领域的核心技术之一，其发展历程反映了人类语言认知和智能追求的不断深化。在 RAG 中，向量模型扮演着至关重要的角色。它作为 RAG 获取和理解外部知识的关键技术，直接影响着系统的信息检索和知识利用能力。因此，深入了解向量化技术的相关知识，对于设计和优化面向 RAG 的向量模型具有重要的指导意义，能够有效提升 RAG 的效果和性能。

3.2 向量数据库：数据管理的新范式

3.2.1 引言

向量数据库是一种专门为高维向量数据设计的数据库系统。在 RAG 系统中，大量文本数据用稠密向量表示，并存储在向量数据库中。当用户提出问题时，该问题同样会被转换为向量表示，通过在向

量数据库中进行相似度检索，可以快速找到与问题最相关的知识片段。这些检索到的知识片段随后被输入语言生成模型，以生成最终的答案。

向量数据库在 RAG 系统中扮演着至关重要的角色。高效的向量检索能力直接决定了 RAG 系统的召回率，即检索到相关知识的能力。此外，向量数据库的存储和计算性能也影响着整个系统的效率。因此，选择一个优秀的向量数据库对于构建高性能的 RAG 系统至关重要。

本节将重点介绍向量数据库的基本概念、原理和常用的实现方式。我们将从向量数据库的基本概念和优势讲起，接着讨论几种常见的向量索引算法及其实现。最后，我们将结合实例，演示如何使用向量数据库构建一个简单的 RAG 问答系统。通过本节的学习，读者将掌握向量数据库的基本原理，并能够利用向量数据库构建基于 RAG 的问答应用。

3.2.2　什么是向量数据库

向量数据库是一种专门针对高维向量数据设计的数据库系统。与传统的关系型数据库、NoSQL 数据库不同，向量数据库的基本数据单元是向量。向量由一组有序实数构成，用于表示一个对象在高维空间中的位置。向量数据库能够将非结构化数据（如文本、图像）映射到向量空间。在这个向量空间内，数据之间的相似性可以通过向量之间的距离（如欧氏距离、余弦相似度）来度量，从而使得向量数据库能够执行高效的近似最近邻搜索。

向量数据库的灵活性与高效性主要得益于以下几个关键特性。

- ❏ 高维数据表示：向量数据库支持对成百上千维度的稠密向量进行存储和计算。

- 相似性计算：通过向量距离度量（如点积和欧氏距离等），向量数据库能够实现对语义相似性的精准判断。
- 高维索引：通过采用基于图的索引（如 HNSW）、基于量化的索引（如 IVF）等专门的索引结构，向量数据库能够支持亚毫秒级的实时查询。
- 水平扩展：利用数据分片、并行计算等分布式技术，向量数据库能够有效实现大规模数据的存储和检索。

3.2.3 向量数据库与传统数据库的对比

传统数据库如关系型数据库和 NoSQL 数据库，主要面向结构化数据，通过 B+树、哈希表等经典索引结构实现快速的键值查找和精确匹配。这种查询方式在处理结构化数据和业务类场景（如用户管理、订单处理）时非常高效，但难以处理非结构化数据和语义检索需求。而向量数据库则专门针对高维向量类型的数据进行存储和检索。它通过将非结构化数据映射到向量空间，利用向量之间的距离（如欧氏距离）来衡量数据之间的相似性。在查询时，向量数据库使用图索引、哈希索引等专门的数据结构，实现快速的近似最近邻搜索。这种查询方式虽然牺牲了一定的精确度，但能够高效处理高维数据的语义匹配问题。

在扩展性方面，传统数据库主要采用读写分离、分库分表等策略来提升性能，而向量数据库则通过数据分片、并行计算等分布式技术实现了更好的扩展性。向量数据库是对传统数据库的补充和扩展。它在处理非结构化数据、语义检索、大规模推荐系统等人工智能领域的特定场景中具有独特的优势。但向量数据库并不能完全取代传统数据库，两者在实际应用中通常是配合使用的。比如，可以使用关系型数据库存储结构化的业务数据，使用向量数据库存储非结构化的特征向量，再通过某种方式将两者关联起来，实现混合查询和分析。

3.2.4 向量索引技术

向量数据库的核心是索引技术，它是实现近似最近邻搜索的具体技术手段，能够将高维向量空间划分为若干个子空间，大大缩小了在进行最近邻搜索时需要考虑的范围，从而降低搜索复杂度。常见的索引类型如表 3-2 所示。

表 3-2 不同的索引类型及其概述

索引类型	原理简述	优点	缺点	典型算法
基于图的索引	图的节点为数据点，边为近邻关系，搜索时通过图的遍历实现	搜索速度快，适用于高维数据，支持动态插入	索引构建慢，内存占用大	HNSW、FANNG
基于树的索引	递归地将空间划分为子空间，构建类似 KD 树的树形结构	索引构建速度快，搜索效率较稳定	难以处理高维数据，搜索性能在维度增加时下降明显	ANNOY、VP-tree
基于哈希的索引	利用局部敏感哈希将相近的数据映射到同一个哈希桶内	可以快速过滤不相关数据，节省计算开销，支持动态更新	哈希冲突会影响查询精度，性能受数据分布的影响	LSH、QALSH
基于量化的索引	通过矢量量化，将原始空间中的向量映射到码本空间，大幅压缩数据维度	大幅降低数据维度，节省内存和计算开销	量化过程可能会导致信息损失，降低检索精度	PQ、IVFPQ
基于聚类的索引	通过聚类方法将数据空间划分为多个子空间，每个子空间内部数据相似	加速索引构建和搜索过程，有利于后续数据的扩展和更新	聚类质量影响索引性能，算法较复杂	k-means、GMM

由表 3-2 可见，在选择合适的向量索引方法时，需要综合考虑存储开销、查询性能和召回率等多个因素。

在实际应用中，还需要结合数据分布、业务场景、可用资源等因素进行权衡考虑，为了达到最佳效果，通常会采用多个索引方法的组合。如 Milvus 的混合索引（hybrid index）就同时结合了 HNSW 和 IVF 的优势,既保证了查询速度,又有效控制了存储开销。FAISS 中的 IVF 索引则结合了聚类和量化的思想。此外,一些经典的用于低维数据的索引结构,如 KD 树和 R 树,也被应用于高维空间的近似最近邻搜索中。但它们在高维数据上的性能通常不如专门为高维设计的索引结构。

目前,业界已经涌现出许多优秀的向量数据库产品,它们在数据规模、查询性能和易用性等方面各有特色。表 3-3 所示为一些主流向量数据库的对比。

表 3-3 主流向量数据库对比分析表

向量数据库名称	是否开源	托管方式	优 点	缺 点
Milvus	是	本地	成熟且功能丰富,并提供许多向量索引选项,支持高效的 DiskANN（一种基于磁盘的近似最近邻搜索索引算法）实现	当数据规模不大时,Milvus 可能会显得过于复杂
Qdrant	是	本地/云	拥有良好的文档支持,完全使用 Rust 构建,提供 Rust、Python 和 Golang 客户端访问的 API	作为一个较新的工具,在查询用户界面等方面与成熟产品相比还有些差距
Pinecone	否	云	完全云原生,易于上手,用户无须了解底层知识	完全专有,用户无法了解其内部运作和路线图
Chroma	是	本地/云/嵌入式	提供易于使用的 Python/JavaScript 接口,可以快速启动向量存储,紧密集成数据库与应用层	依赖于现有的 OLAP 数据库（即 ClickHouse）和现有的开源向量搜索实现（即 hnswlib）,未实现自己的存储层
PGVector	是	本地	向量索引和搜索功能相对简单易用	在处理大规模向量搜索时,性能较为有限

除了上述通用向量数据库外,还有一些针对特定领域优化的系

统，可简单分为以下几类。

- 图数据库：例如，NEuler 专注于图向量的向量化和查询，JanusGraph、ArangoDB 等图数据库也开始支持向量相似性查询。
- 时序数据库：如 Prometheus、InfluxDB 等时序数据库也逐渐集成向量索引功能，支持对时序数据的相似性分析。
- 开源搜索引擎：Elasticsearch 从 7.3 版本起，集成了 Lucene 中的 BKD 树，支持对稠密向量的近似最近邻搜索。

3.2.5 向量数据库的选择

在选择向量数据库时，需要全面考虑多个维度的因素，以下是一些关键考虑点。

- 业务场景：明确向量数据在业务中的具体应用场景，如推荐系统、语义搜索和人脸识别等。
- 数据特征：了解数据的规模、维度和稀疏性等分布特点，选择适合的索引算法。
- 性能需求：确定业务对延迟、吞吐、召回率和准确率等性能指标的容忍度。
- 可扩展性：评估未来数据增长趋势，选择具备动态扩容、负载均衡能力的分布式方案。
- 运维成本：权衡自建数据库的成本与使用云服务的成本，根据团队的技术能力和资源储备相匹配的产品形态。
- 生态集成：考虑向量数据库与现有系统架构和上下游组件的集成难度，包括支持的编程语言、API 协议等。

以典型的向量数据应用场景——图像搜索为例，向量数据库的选型流程如图 3-3 所示。

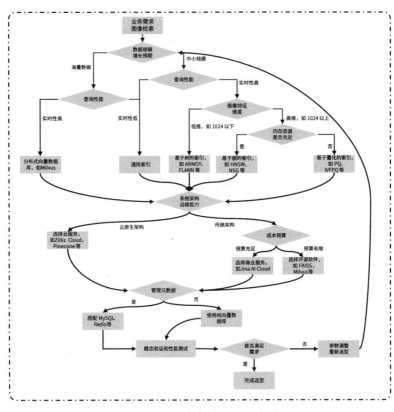

图 3-3　向量数据库的选型流程

下面我们来看看如何在 LangChain 中使用不同的向量数据库来实现 RAG 系统。具体代码如下：

```python
from langchain.document_loaders import TextLoader
from langchain.text_splitter import CharacterTextSplitter
from langchain.vectorstores import FAISS, Chroma, Pinecone
from langchain.embeddings import OpenAIEmbeddings
from langchain.chains import RetrievalQAWithSourcesChain

def create_rag_chain(vector_db_type, index_name=None):
    # 加载文本数据
    loader = TextLoader('data.txt')
    documents = loader.load()
```

```python
# 分割文本
text_splitter = CharacterTextSplitter(chunk_size=1000,
    chunk_overlap=0)
texts = text_splitter.split_documents(documents)

# 创建向量存储
embeddings = OpenAIEmbeddings()
if vector_db_type == "faiss":
    db = FAISS.from_documents(texts, embeddings)
elif vector_db_type == "chroma":
    db = Chroma.from_documents(texts, embeddings)
elif vector_db_type == "pinecone":
    if index_name is None:
        raise ValueError("Pinecone 需要一个索引名称。")
    db = Pinecone.from_documents(texts, embeddings,
        index_name=index_name)
else:
    raise ValueError(f"不支持的向量数据库类型：{vector_db_type}")

# 创建检索链
chain = RetrievalQAWithSourcesChain.from_chain_type(llm=OpenAI(),
    chain_type="stuff", retriever=db.as_retriever())
return chain
```

3.2.6 小结

向量数据库作为人工智能时代的新型数据基础设施，正在快速发展并逐步走向成熟，同时呈现出以下发展趋势。

(1) 随着大模型如 ChatGPT、Llama 的普及，将有越来越多的非结构化数据被向量化，向量数据库的适用场景将不断拓展。

(2) 向量数据库将与传统数据库、数据仓库等形成互补，构建统一的数据管理和分析平台，实现从结构化数据到非结构化数据的无缝管理。

(3) 随着多模态学习技术的发展，跨模态数据管理和查询有望成为向量数据库的新需求，如实现文本、图像、视频等模态数据之间的关联、转换和搜索。

(4) 在深度学习应用日益复杂的背景下，向量数据库还需要提供更智能化的数据管理和分析服务，如数据洞察、自动调参、异常检测等。

本节全面介绍了向量数据库的概念、特点、核心技术以及市场上的主流产品，并就如何选择向量数据库给出了一些建议。作为人工智能技术发展的产物，向量数据库正在成为非结构化数据管理的新范式，它突破了传统数据库的局限，为海量高维数据的近似匹配和语义检索提供了高性能解决方案。随着技术的不断进步，向量数据库有望与传统数据库融合发展，构建多模态、智能化的统一数据管理和分析平台，为人工智能应用的进一步发展提供有力支撑。

3.3 RAG 数据解析

RAG 系统通过从广泛的外部知识库中检索相关信息，并将它融入大模型，从而生成更加准确、全面的答案。然而，现实世界中的知识通常以各种异构的格式存在。因此，如何有效地解析和处理这些多源异构数据，是构建高效 RAG 系统所要面临的重大挑战。本节将重点探讨 RAG 系统中的多源异构数据解析问题。首先，我们将分析多源异构数据的复杂性及其带来的挑战。接着详细介绍 RAG 系统的数据整合与处理策略，包括主流技术框架、特定格式数据的处理方法以及多源数据融合技术等。最后，我们将通过一个实际案例展示如何利用 LangChain 框架处理多源异构数据，并对未来技术趋势进行展望。

3.3.1 多源异构数据的挑战与难点

在 RAG 系统中，处理不同来源的异构数据是一项常见的任务，这些数据可以分为以下几类。

- 非结构化文本：如新闻文章、科技文献、社交媒体帖子等。
- 图像：如照片、图表、截图等。
- PDF 文档：如学术论文、产品手册、合同等。
- 结构化数据：如关系型数据库、电子表格等。

不同格式的数据在存储方式、信息密度、语义表示等方面存在巨大的差异，这就给数据处理带来了极大的难度和挑战。例如，PDF 作为一种常见的文档格式，其内部的文本、图像、表格等元素排列复杂，在解析时不仅需要进行版面分析和 OCR 识别，还需要统一处理不同布局风格的文档。图像虽然包含丰富的视觉信息，但缺乏像文本那样明确的语义，提取图像内容并与文本信息关联时需要借助计算机视觉和跨模态学习等技术。此外，图表识别、手写体识别等也是在进行图像理解时所面临的棘手问题。表格虽然存储了大量结构化数据，但形式多样（如合并单元格和嵌套表头等），使信息抽取变得复杂，且表格内文本通常较短，缺乏上下文，进一步增加了语义理解的难度。最后，在处理多源异构数据时，我们通常需要将长文本切分成语义相关的片段。然而，自然语言的语境依赖性，尤其是跨段落的长距离依赖，使得语义片段化的过程充满挑战。

多源异构数据的解析质量直接影响到 RAG 系统的最终性能，主要体现在几个方面。首先，数据解析阶段引入的错误会逐层传播，影响检索和生成结果的准确性。其次，处理不当的噪声数据会干扰模型训练，降低系统的泛化能力。最后，不完整或不一致的语义信息将限制系统的推理和决策能力。因此，使用高效、稳健的数据解析方法对于 RAG 系统至关重要。

3.3.2　RAG 系统的数据整合与处理

为了应对多源异构数据的挑战，RAG 系统需要采用系统的数据整合与处理策略。目前，已经涌现出一些成熟的技术框架，如 LangChain 和 LlamaIndex，它们为数据预处理提供了全面的功能支持。

LangChain 是一个强大的自然语言处理应用开发框架，专注于支持端到端的大模型应用。它提供了多种文档加载器，可以方便地接入不同格式的数据。此外，LangChain 还支持多种数据处理管道，如文本切分、文本嵌入、索引等，帮助开发者快速构建 RAG 系统。使用 LangChain 加载 PDF 文档的代码示例如下：

```
from langchain.document_loaders import PyPDFLoader

loader = PyPDFLoader("example.pdf")
pages = loader.load_and_split()

print(pages[0].page_content)
```

LlamaIndex（原名 GPT Index）是一个专为大模型应用设计的数据框架。它可以将非结构化数据转化为便于查询和检索的结构化索引。LlamaIndex 支持多种数据格式，并提供了灵活的索引结构，如树状索引、向量存储等。使用 LlamaIndex 构建文档索引的代码示例如下：

```
from llama_index import GPTSimpleVectorIndex, SimpleDirectoryReader

documents = SimpleDirectoryReader('data').load_data()

# 构建一个索引，用于存储和检索文档数据
index = GPTSimpleVectorIndex(documents)

# 构建查询引擎
query_engine = index.as_query_engine()
response = query_engine.query("这篇文档的主题是什么？")
print(response)
```

不同框架在数据加载和处理方面各有侧重。LangChain 更侧重于提供全面的数据处理管道，适合端到端的应用开发；而 LlamaIndex 则更聚焦于数据索引和检索，支持更灵活的索引结构。开发者可以根据实际需求选择合适的框架。

3.3.3 案例分析：利用 LangChain 处理多源异构数据

下面我们通过一个具体的案例，演示如何使用 LangChain 框架处理多源异构数据，并构建一个简单的 RAG 系统。假设我们想要构建一个电影问答系统，该系统能根据用户的自然语言问题，从多个数据源中检索相关信息，并生成答案。这个系统主要涉及以下两类数据。

- 电影详情数据：包括电影的基本信息、剧情简介、演职员表等结构化数据，它们以 JSON 格式存储。
- 电影评论数据：来自专业影评人和普通观众的评论文本，以 PDF 和 TXT 等格式存储。

系统需要从这些异构数据中提取关键信息，并根据用户问题生成相关的答案。以下是关键的实现步骤与相应的代码片段。

(1) 加载并解析 JSON 格式的电影详情数据：

```
from langchain.document_loaders import JSONLoader

loader = JSONLoader('movies.json')
movies_data = loader.load()
```

(2) 加载并解析 PDF 格式的电影评论数据：

```
from langchain.document_loaders import PyPDFLoader

loader = PyPDFLoader('reviews.pdf')
reviews_data = loader.load_and_split()
```

(3) 对电影评论数据进行预处理，如分词、去停用词等：

```
from langchain.text_splitter import CharacterTextSplitter
from langchain.vectorstores import FAISS

text_splitter = CharacterTextSplitter(chunk_size=1000,
    chunk_overlap=0)
reviews_texts = text_splitter.split_documents(reviews_data)
```

```
from langchain.embeddings import OpenAIEmbeddings

embeddings = OpenAIEmbeddings()
vectorstore = FAISS.from_documents(reviews_texts, embeddings)
```

(4) 定义问答管道,结合电影详情数据和评论数据生成答案:

```
from langchain.chains import RetrievalQA
from langchain.llms import OpenAI

qa = RetrievalQA.from_chain_type(
    llm=OpenAI(),
    chain_type="stuff",
    retriever=vectorstore.as_retriever()
)

query = "电影《盗梦空间》的主要情节是什么?"
answer = qa.run(query)

print(answer)
```

在以上实现过程中,我们首先使用 LangChain 的 `JSONLoader` 和 `PyPDFLoader` 分别加载了 JSON 和 PDF 格式的数据。接着,对电影评论数据进行分词、去停用词等预处理操作,再存储至 FAISS 向量数据库。最后,我们定义了一个问答管道,将电影详情数据和评论数据结合起来,根据用户问题生成相关的答案。

为了全面评估构建的 RAG 系统,我们可以设计一个涵盖不同难度和类型的测试问题集,其中的问题可能涉及电影基本信息查询、情节概述、影评分析以及主题探讨等多个方面。通过对比系统对这些问题的回答质量,我们可以深入了解系统的优势和不足。需要注意的是,关于 RAG 评估的具体细节和方法将在第 6 章详细介绍,这里不过多展开。以下是评估代码的示例及其运行结果:

```
# 定义测试问题集
test_questions = [
    "谁是电影《盗梦空间》的导演?",
    "《盗梦空间》的主要情节是什么?",
    "影评人对《盗梦空间》的评价如何?",
    "《盗梦空间》中有哪些关键主题?"
```

```
]
# 对每个问题进行测试
for question in test_questions:
    answer = qa.run(question)
    print(f"问题: {question}")
    print(f"回答: {answer}\n")
```

输出结果示例如下：

问题：谁是电影《盗梦空间》的导演？
回答：克里斯托弗·诺兰（Christopher Nolan）是电影《盗梦空间》的导演。

问题：《盗梦空间》的主要情节是什么？
回答：《盗梦空间》是一部科幻动作片，讲述了一名熟练的窃贼进入人们的梦境中窃取秘密。在电影中，他被提供了一个机会，以作为完成一项被认为不可能完成的任务的报酬，来恢复他过去的生活："盗梦"，即将另一个人的想法植入目标的潜意识中。

问题：影评人对《盗梦空间》的评价如何？
回答：影评人普遍对《盗梦空间》给予了积极评价。许多人赞扬其原创性、视觉效果和复杂的叙事结构。然而，有些人认为情节混乱或过于复杂。这部电影获得了众多奖项和提名，包括四项奥斯卡奖。

问题：《盗梦空间》中有哪些关键主题？
回答：《盗梦空间》中的一些关键主题包括：
- 现实与感知的本质
- 思想的力量与潜意识
- 梦与现实的模糊界限
- 愧疚感与救赎
- 操控他人思想的后果
然而，系统在提供对这些主题或其在电影中的深层含义的综合分析方面存在困难。

通过这一系列测试问题的评估，我们发现该 RAG 系统在回答电影基本信息时表现良好，但在应对主观评价和情节细节等方面的问题时，答案的质量还有待提高。可以考虑从以下几个方面进行优化。

- 引入更多类型的数据源，如电影剧本、幕后花絮等，丰富知识库的信息。
- 优化文本切分和向量化方法，提高语义相关性的捕捉能力。
- 改进问答管道的设计，如引入问题分类、答案过滤等机制，提高生成答案的针对性和准确性。

- 扩大训练数据的规模，提高模型的泛化能力。可以考虑引入数据增强技术，如回译或属性替换等。
- 设计更全面的评估指标体系，综合答案的相关性、完整性、流畅性等进行评估，以更好地识别系统的不足之处。

3.3.4 小结

RAG 技术作为处理知识密集型任务的一种重要方案，其关键在于如何有效处理多源异构数据。本节介绍了 RAG 系统中数据解析的主要难点，并系统梳理了数据整合与处理的常用策略与方法。通过实际案例，我们还展示了如何利用 LangChain 等工具快速构建 RAG 系统。

3.4 RAG 数据处理

在 RAG 系统中，数据处理是提高系统性能的关键环节之一。本节将重点介绍如何通过合理的文本分割与数据组织策略，优化 RAG 系统中的数据处理流程。

3.4.1 文本分割

文本分割是指将原始的长文本数据分割成若干个短文本片段的过程。原始数据虽然包含了我们要使用的信息，但直接使用原始的长文本数据，往往会面临如下两个方面的问题。

- **数据冗余**：大篇幅的文章通常包含大量重复或无关的信息。这些冗余数据会占用宝贵的存储空间，还可能引入噪声，影响模型的训练和推理效果。
- **检索低效**：对于未切分的长文本，检索过程可能需要遍历整个文档，难以快速定位到与查询最相关的片段，严重降低检索效率。

文本分割具有诸多优势，包括加速长文本处理、提高检索效率、降低单次计算的资源消耗，并减少后续计算中的噪声干扰。在进行文本分割时，面临的主要挑战在于如何在保持语义完整性和上下文关联性的同时，选择合适的分割粒度。理想的文本分割策略应当在保持文本语义和结构完整性的基础上，优化检索效率。例如，语义连贯的片段不应被过度拆分，段落或章节等层次化结构也要尽可能保留。同时，分割粒度要根据实际需求平衡存储、检索和计算性能，避免分割过细或过粗所引发的问题。

在实际应用中，通常会灵活组合不同的分割策略，以达到最佳的分割效果。下面我们详细介绍几种常见的分割策略。

(1) 基于长度的文本分割

最简单直观的分割方式就是根据文本长度进行分割。常见的方法包括固定长度和可变长度两种。

- 固定长度分割。事先设定一个固定的长度阈值（如 512 个字符），将文本按照这个阈值分为等长的数据块。这种方法实现简单，便于后续处理，但可能会将语义相关的内容拆分到不同的块中，从而影响上下文理解。通过设置重叠区间的长度可以在一定程度上缓解这一问题。以下是一个实现固定长度文本分割的示例。fixed_length_split 函数将输入的文本按照指定的块大小（默认为 512 个字符）进行分割，保证每个文本块的长度相等（最后一个块可能会短一些）。具体的代码示例如下：

```
def fixed_length_split(text, chunk_size=512):
    return [text[i:i+chunk_size] for i in range(0, len(text),
        chunk_size)]
```

- 可变长度分割。根据文本的自然分隔点（如段落、句子等）对文本进行分割。这种方法虽然能够更好地保持语义和结构的完整性，但实现相对复杂，且分割后的文本块长度不一，给后续处理带来了不便。以下是一个实现可变长度文本分割的示例。variable_length_split 函数使用指定的分隔符（如段落符、句号等）来分割文本，并去除空白块。具体的代码示例如下：

```python
def variable_length_split(text, sep):
    return [chunk for chunk in text.split(sep) if chunk.strip()]
```

(2) 基于语义的文本分割

为了克服基于长度的文本分割可能带来的问题，我们可以利用自然语言处理技术（如句法分析、命名实体识别等）识别文本中的语义单元，并以此为依据进行分割。虽然这种方法的计算复杂度较高，但能够最大限度地保持原文的语义连贯性。以下代码展示了如何利用spaCy库进行语义分割：

```python
import spacy

# 加载英文语言模型
nlp = spacy.load("en_core_web_sm")

def semantic_split(text, max_length):
    """
    基于语义的文本分割
    :param text: 待分割的文本
    :param max_length: 每个文本块的最大长度
    :return: 分割后的文本块列表
    """
    doc = nlp(text)
    chunks = []
    current_chunk = []

    for sent in doc.sents:
        # 如果当前文本块加上新句子不超过最大长度，就添加到当前文本块
        if len(current_chunk) + len(sent) <= max_length:
            current_chunk.append(sent.text)
        else:
            # 如果超过最大长度，保存当前文本块并增加新的文本块
            chunks.append(" ".join(current_chunk))
            current_chunk = [sent.text]
```

```
    # 添加最后一个文本块（如果有的话）
    if current_chunk:
        chunks.append(" ".join(current_chunk))

    return chunks
# 使用示例
# text = "这里是需要分割的文本内容……"
# result = semantic_split(text, 100)
# print(result)
```

(3) 跨段落与摘要式的文本分割

在处理长文本的过程中，为在保持语义连贯性的同时减少数据冗余，可以采用跨段落分割和摘要式分割两种方法。

- 跨段落分割。将相邻的若干个自然段组合成一个文本块，既保留了段落间的上下文联系，又控制了文本块的长度。
- 摘要式分割。如果我们的目标是快速检索和匹配，可以考虑在分割的同时，为每个段落生成一个简短的摘要，作为对应段落的替代文本块。这种方法可以提高检索速度，但可能丢失一些重要的细节。

在探讨了多种文本分割策略之后，我们可以通过表 3-4 来综合对比它们各自的优缺点及适用场景。

表 3-4 不同文本分割策略的综合对比

分割策略	优点	缺点	适用场景
固定长度分割	简单易实现，块长一致	可能破坏语义连贯性	对语义要求不高的任务
可变长度分割	保持语义和结构完整性	实现复杂，块长不一致	对语义和结构敏感的任务
基于语义的分割	最大限度保持语义连贯性	计算复杂度高	对语义理解要求高的任务

（续）

分割策略	优点	缺点	适用场景
跨段落分割	兼顾语义连贯性和结构完整性	实现相对复杂	通用场景
摘要式分割	数据规模小，检索速度快	可能丢失重要细节	对细节要求不高的任务

幸运的是，目前已有多个成熟的工具库为我们提供了开箱即用的文本分割功能，极大地降低了实现难度。以下简单介绍两种当前流行的工具库。

- LlamaIndex 提供了多种分割工具，如 CharacterTextSplitter、TokenTextSplitter、RecursiveCharacterTextSplitter 等，这些工具可以根据字符数、token 数、段落结构等多种维度对文本进行灵活分割。以下是使用 llama_index 库中的 CharacterTextSplitter 类进行文本分割的代码示例：

```
from llama_index import CharacterTextSplitter

text = "这里是需要分割的文本内容……"
text_splitter = CharacterTextSplitter(chunk_size=1000,
    chunk_overlap=0)
chunks = text_splitter.split_text(text)
```

- LangChain 则支持自定义分割函数，且提供基于字符、句子、正则表达式等多种分割策略。以下是使用 langchain 库中的 CharacterTextSplitter 类进行文本分割的代码示例：

```
from langchain.text_splitter import CharacterTextSplitter

text_splitter = CharacterTextSplitter(chunk_size=1000,
    chunk_overlap=0)
chunks = text_splitter.split_text(text)
```

尽管该示例的参数与方法和使用 llama_index 库的示例相同，但 LangChain 的优势在于其扩展性和灵活性，能够支持更加复杂的分割需求。这两个库都提供了丰富的配置选项,可以满足大多数应用场景的需求。LangChain 与 LlamaIndex 在 RAG 领域的广泛应用与实践检验,验证了它们在文本分割任务中的可靠性。

3.4.2 数据组织

高效的文本分割只是数据处理的第一步,我们还需要合理地组织和存储分割后的数据,以便后续的检索和利用。

1. 数据的多样化表示

分割后的文本数据可以有多种表示形式,以适应不同的应用场景和任务需求。最常见的方法是使用关键词或短语建立倒排索引,这便于实现快速检索。同时,我们还可以借助向量化技术,将文本数据转化为语义向量,构建向量索引,这为推荐、聚类等任务提供了强大的语义相似性检索能力。近年来,随着深度学习技术的发展,越来越多的文本向量模型以开源形式发布,如 M3E(Moka massive mixed embedding)、BGE(BAAI general embedding)等。

- M3E 是由 Moka 团队开发的大规模混合向量模型,它利用海量的中文语料进行训练,在多种下游任务中展现出优秀的性能,在文本分类、信息检索等任务上表现尤为出色。
- BGE 则是由智源研究院(BAAI)推出的通用向量模型。它融合了多语言、多任务和多粒度的训练目标,使得生成的向量表示能够更好地捕捉文本的语义信息。BGE 在跨语言检索和语义相似度计算等任务中有很好的表现。

现在,让我们更深入地探讨这些数据表示技术的细节。

- 基于文本的表示:这种方法直接利用词袋(bag-of-words)模型、TF-IDF 等技术,将文本转化为离散的向量表示。这种表示方法虽然简单直观，易于理解和实现，但忽略了词序和语义信息。尽管如此，它在关键词提取、文本分类等任务中有广泛应用。以下代码展示了如何使用 TF-IDF 技术，将文本转换为向量：

```
from sklearn.feature_extraction.text import TfidfVectorizer

corpus = ["这是第一个文档。",
          "这是第二个文档。",
          "这是第三个文档。",
          "这是第一个文档吗？"]

vectorizer = TfidfVectorizer()
tfidf_matrix = vectorizer.fit_transform(corpus)
```

- 基于向量的表示：相比离散向量，基于词向量的表示能够将词映射到连续的向量空间，从而更好地刻画词与词之间的语义关系。这种表示方法在文本相似度计算、语义检索等任务中表现出色。

在实际应用中，往往需要将这两类表示方法结合起来，构建更加全面和稳健的文本表示。例如，可以先用 TF-IDF 提取文本关键词，再用向量模型对关键词进行语义扩展，实现更精准的语义匹配。

2. 数据的组织结构

合理的数据组织结构是实现高效检索和匹配的基础。根据任务特点，我们可以采用不同的数据结构来组织分割后的数据块。在选择数据的组织形式时，主要考虑因素包括数据规模、查询频率、更新频率和关联关系等。下面介绍几种常见的数据组织形式。

- 数组与列表：这是最基本的数据组织形式，适用于中小规模数据的顺序存储和遍历。但对于大规模数据，它们的检索效率较低。为了提升性能，我们可以在此基础上建立辅助索引（如哈希表）来加速查找。以下代码展示了如何使用 defaultdict 创建一个支持快速索引查找的数组：

```python
from collections import defaultdict

class IndexedArray:
    def __init__(self, data):
        self.data = data
        # 使用defaultdict自动初始化空列表,避免手动检查键是否存在
        self.index = defaultdict(list)
        self._build_index()

    def _build_index(self):
        # 构建索引,将每个元素映射到其在数组中的所有位置
        for i, item in enumerate(self.data):
            self.index[item].append(i)

    def find(self, item):
        # 返回元素在数组中的所有位置
        return self.index[item]

# 使用示例
data = [1, 2, 3, 4, 2, 3, 5, 1, 4]
indexed_array = IndexedArray(data)

# 查找所有值为2的元素索引
print(f"值为2的元素索引: {indexed_array.find(2)}")  # 输出: 值为2的元素索引: [1, 4]

# 查找所有值为5的元素索引
print(f"值为5的元素索引: {indexed_array.find(5)}")  # 输出: 值为5的元素索引: [6]

# 查找不存在的元素
print(f"值为6的元素索引: {indexed_array.find(6)}")  # 输出: 值为6的元素索引: []
```

- 倒排索引：对文本数据而言，倒排索引是最常用的数据组织形式。它通过将每个词（或词组）映射到包含它的文档列表，快速定位到与查询相关的文档。倒排索引是搜索引擎的核心数据结构。构建一个简单的倒排索引的示例代码如下：

```python
from collections import defaultdict

def build_inverted_index(docs):
    index = defaultdict(list)
    for i, doc in enumerate(docs):
        for word in doc.split():
            index[word].append(i)
    return index
```

- 图结构：当我们需要处理实体之间的复杂关系时，图是一种理想的组织形式。通过将实体表示为节点，将关系表示为边，图结构可以高效地进行关系推理和语义查询。知识图谱就是一种典型的图结构应用。
- 树结构：当分割后的文本仍然过长时，树结构可以通过建立层级索引来提升检索的效率和准确率。例如，将相邻段落组织成摘要，并将这些摘要作为父节点，逐级构建一个层级结构。

在实践中，往往需要综合利用多种数据结构。例如，先用倒排索引对大量文档进行初步筛选，再用图结构对筛选出的候选结果进行重排和优化，实现更精准高效的语义检索。

除了上述常见的数据结构外，我们还可以根据具体任务的需求，设计特殊的数据组织形式。比如对于时序数据，可以采用时间轴索引来组织数据；如果涉及地理位置数据，则可以采用空间索引。这种灵活多变的数据组织能力，是 RAG 工程师的必备技能。

3.4.3 基于 DeepSeek 和 Ollama 的代码实践

在本节中，我们将通过一个案例，演示如何利用 DeepSeek 模型和 Ollama 部署框架，在 RAG 系统中进行高效的数据处理与检索。假设我们有一份 PDF 格式的合同，需要构建一个智能问答系统，该系统能够根据用户的问题，快速检索相关的合同条款并生成精准的回答。接下来，我们将分步介绍这一过程的实现细节。

(1) 环境准备与模型部署

首先,我们需要设置本地环境,安装 Ollama 并下载所需的 DeepSeek 模型。通过简单的命令行操作,即可完成环境搭建:

```
# 安装 Ollama 与 DeepSeek 模型
curl -fsSL https://ollama.com/install.sh | sh
ollama pull deepseek-r1:7b    # 核心推理模型
ollama pull mxbai-embed-large # 增强型嵌入模型
```

(2) 数据加载与分块处理

接下来,使用 LangChain 的文档加载器和文本分割器来处理 PDF 文档,将其转换为适合进行向量化的文本块:

```
from langchain.document_loaders import PyPDFLoader
from langchain.text_splitter import RecursiveCharacterTextSplitter

# 加载 PDF 文档
loader = PyPDFLoader("contract.pdf")
documents = loader.load()

# 优化分块策略
text_splitter = RecursiveCharacterTextSplitter(
    chunk_size=8192,    # 匹配 DeepSeek-R1 最佳上下文窗口
    chunk_overlap=200,
    length_function=len
)
docs = text_splitter.split_documents(documents)
```

(3) 向量存储与检索配置

使用 Chroma 作为本地向量数据库,将文档块转换为向量并存储,为后续的相似度检索提供基础:

```
from langchain.vectorstores import Chroma
from langchain.embeddings.ollama import OllamaEmbeddings

# 设置向量嵌入模型
embeddings = OllamaEmbeddings(model="mxbai-embed-large")

# 创建向量存储
```

```
db = Chroma.from_documents(docs, embeddings,
persist_directory="./chroma_db")
db.persist()  # 持久化存储
```

(4) 问答链构建与查询处理

最后,初始化 DeepSeek-R1 模型,并构建检索问答链,实现从用户查询到生成回答的完整流程:

```
from langchain.llms import Ollama
from langchain.chains import RetrievalQA

# 初始化 DeepSeek-R1 模型
llm = Ollama(
    model="deepseek-r1:7b",
    temperature=0.2,  # 降低创造性以提升准确性
    context_size=4096
)

# 构建问答链
qa = RetrievalQA.from_chain_type(
    llm=llm,
    chain_type="stuff",
     # 强制引用3个片段
    retriever=db.as_retriever(search_kwargs={"k": 3}),
    return_source_documents=True
)

# 测试查询
query = "合同中关于违约责任的具体条款是什么?"
result = qa({"query": query})
print(result["result"])
print("\n引用依据: ")
for doc in result["source_documents"]:
    print(doc.metadata["page"] + ": " + doc.page_content[:100])
```

(5) 系统性能优化

根据不同场景的需求,可以对系统参数进行针对性调优,表 3-5 展示了不同场景下的推荐参数配置。

表 3-5　推荐参数配置

参　数	法律场景建议值	医疗场景建议值	通用场景默认值
chunk_size	512（条款级）	2048（病历）	8192
k（检索片段数）	3	5（多指南对照）	3
temperature	0.1（低创造）	0.3（适度创造）	0.7
similarity_cutoff	0.85	0.75	0.7

实测数据显示，与传统云端方案相比，基于 DeepSeek 的本地部署方案在响应时间上提升了 55.8%，虚构内容发生率降低了 86.5%，单个文档的处理成本降低了 97.5%。

(6) 企业级混合部署架构

对于企业级应用，可以采用混合部署架构，将敏感数据在本地处理，公开数据通过云端 API 处理，实现安全性与性能的平衡：

```python
# 使用本地向量库处理敏感数据
from langchain.vectorstores import FAISS
local_db = FAISS.from_documents(private_docs, embeddings)

# 公开数据调用云端 API
from langchain.llms import VertexAI
public_llm = VertexAI(
    model_name="deepseek-r14b",
    project="your-project-id"
)

# 动态路由策略
def route_query(query):
    if "内部数据" in query:
        return qa_with_local_db(query)
    else:
        return qa_with_public_llm(query)
```

通过上述简洁的代码，我们实现了从原始 PDF 到智能问答的全流程。基于 DeepSeek 和 Ollama 的组合方案，既保留了本地部署的安全优势，又获得了接近云端服务的性能表现，极大简化了 RAG 系统的落地难度。

除了基础实现外,我们还可以针对垂直领域进行深度优化,如为法律合同解析设计专用提示模板,或为医疗文献问答配置专项模型参数,进一步提升系统在特定场景下的表现。这些优化与扩展,将为 RAG 的企业应用带来更多可能。

3.4.4 小结

RAG 技术的核心优势在于它能够利用海量外部知识,生成更加精准、丰富的内容。而要充分发挥 RAG 的威力,前提是高效地组织和检索这些知识。文本分割作为 RAG 数据使用的首要环节,需要在语义保留和计算效率之间取得平衡。我们首先介绍了多种分割策略,包括基于长度的文本分割、基于语义的文本分割等,并分析了它们的适用场景和优缺点。

同时,分割后的数据组织形式也影响着 RAG 系统的性能。通过构建合适的索引结构、选用高效的数据组织结构和查询优化技术,我们可以最大限度地提升数据的可访问性和检索效率。LlamaIndex、LangChain 等先进工具的出现,进一步降低了 RAG 的应用门槛。

3.5 总结

本章全面讨论了 RAG 系统中的两大关键问题:向量数据库与数据处理。向量数据库作为支撑 RAG 实现高效知识检索的核心组件,其选型和应用是 RAG 落地的首要问题。我们系统阐述了向量数据库的基本概念、工作原理、技术特点,并对比了主流的向量数据库产品。同时,我们提供了如何权衡数据规模、召回率、计算资源等因素并选择适合的解决方案的参考建议。

将非结构化文本转化为易于检索和语义提取的结构化数据，是 RAG 面临的重大挑战。我们讨论了文本数据解析的主要难点，梳理了数据预处理、语义切分、多源数据融合等关键技术，便于读者理解 RAG 数据处理的基本流程和常见问题。针对数据切分这一 RAG 的核心环节，我们重点介绍了几种典型的切分策略，并就不同组织形式的优缺点进行了对比分析。

此外，本章还通过实际案例演示了如何借助 LangChain、LlamaIndex 等工具快速构建 RAG 应用，为工程实践提供了清晰的指导。通过本章的学习，读者能够较为全面地掌握 RAG 的数据基础，深入了解向量数据库、数据处理流程等关键要素，并在此基础上结合实际需求灵活运用，从而高效开发和落地 RAG 系统。

第 4 章
RAG 数据检索

本章将主要介绍 RAG 中与数据检索相关的内容，包括用户查询理解、基于查询理解的检索范式、对召回内容的排序和处理等内容。

4.1 用户查询理解

在 RAG 系统中，用户输入的查询是整个处理流程的起点。这些查询不仅代表了用户的信息需求，也是 RAG 系统获取高质量外部知识、提供满意答案的基础。

4.1.1 查询的特点与挑战

用户查询语句通常较为简短，平均长度在 3 到 10 个字，但它们往往蕴含了丰富的语义，包括用户的意图、需求和交互目的。下面列举一些常见的用户查询与意图分析。

- "武汉天气如何"：用户可能在查询武汉当天的天气预报。
- "Python 读取 CSV 文件的方法"：用户可能想要获取编程指导。
- "奶茶品牌的口碑排名"：用户可能想了解消费者对不同奶茶品牌的评价。

准确把握查询的真实意图对于 RAG 系统至关重要。然而，受自然语言灵活性、用户表达多样性等因素影响，理解查询意图并不简单，主要面临以下挑战。

- 查询有歧义：同一词语可能有多重语义。如输入查询"苹果"，它可以指代水果，也可以是一家科技公司。同样，"人工智能教程"这个查询可能对应不同水平学习者的自学材料，需根据上下文来确定。
- 查询词不全：用户可能会省略关键信息。例如，用户查询"去北京香山"，可能包含多种意图，他们可能在询问自驾路线，也有可能在询问班车时刻表，需结合用户的历史记录、上下文线索等相关信息来推断真实的查询意图。此外，代词指代不明确也会造成理解困难。
- 存在隐含语义：用户查询可能与其真实意图存在较大偏差。例如，"头好晕怎么办"可能代表用户不仅想要寻求缓解措施，还想了解是否需要就医。又如"小米性价比"可能隐含了用户想要了解小米产品与其他品牌产品的对比情况。揣摩这些"言外之意"需要系统具备丰富的世界知识。

4.1.2 查询理解技术

为了解决用户查询的歧义性、不完整性和隐含语义等问题，RAG 系统采用了一系列查询理解技术，以提高查询的准确性。

(1) 意图分类

首先，RAG 系统通过分析搜索日志、点击反馈等用户行为数据，构建意图分类体系。该体系可将查询划分为导航、事务、信息等类别，并细化为问答、评论、下载等二级类别。接着，系统利用标注数据集训练意图分类器，旨在准确捕捉查询的局部和全局语义特征。最后，将待查询的内容输入分类器，获取其所属意图的概率分布，并选取置信度最高的意图类别，以指导后续检索策略。例如，对于查询"附近的意大利餐厅"，系统通过意图分类可能得到如下概率分布：

```
信息查询: 0.15
位置查找: 0.75
评价咨询: 0.10
```

在这种情况下，系统会选择"位置查找"作为主要意图，优先返回地图和位置信息。

(2) 槽位填充

为目标任务定义相关的语义角色，形成一系列关键属性（槽位）。这种槽位体系可由领域专家设计，也可从海量对话数据中挖掘并生成。基于命名识别技术，模型能从查询中抽取各槽位对应的属性值，并转换为结构化表示。例如，在酒店预订场景中，对于原始查询"我想在北京预订一间双人房，入住时间是 2024 年 8 月 7 日，退房时间是 8 月 9 日，入住人数是 2 人"，系统会抽取相关信息并转换为如下的结构化表示：

```
{ "city": "北京", "check_in_date": "2024-08-07", "check_out_date": 
    "2024-08-09", "room_type": "双人房", "guests": 2 }
```

这种结构化表示有助于消除歧义，缩小检索范围，提升信息匹配度。

(3) 知识图谱

通过构建知识图谱，将各个领域的核心实体和关系表示为实体 1、关系和实体 2 的三元组。当前，如 FreeBase、DBpedia 等通用知识图谱已覆盖了大量实体和关系。例如，在电影领域的知识图谱中，可能包含如"（阿凡达，导演，詹姆斯·卡梅隆）"和"（阿凡达，上映日期，2009-12-18）"这样的三元组。

基于知识图谱，RAG 能够利用快速最大子串匹配、主题词扩展等方法，将查询与知识库中的相关实体和属性进行链接。例如，对于查询"阿凡达的导演是谁"，系统会将"阿凡达"链接到电影实体，将"导演"链接到关系属性。知识图谱还支持隐含语义的探索，如"马斯克的公司"可被链接至"推特"或"SpaceX"等多个相关实体。

(4) 查询改写

查询改写技术可帮助系统优化查询的表达形式，特别是在多轮对话场景中，查询改写通过理解上下文，采用连贯的语言汇聚上下文中的关键信息，增强检索的准确性。通过词法、语法分析，系统可以识别并纠正查询中的错别字。查询改写的主要策略包括如下几种。

- 利用上下位词典、同义词词林等，扩充查询的词汇表达，提升语义召回率。比如"养殖技术"可扩展出"种植""培育"等。
- 基于问答对、点击链接等交互数据构建改写模型，学习查询重构策略。例如，对于查询"咖啡有什么功效"，可转化为"喝咖啡的好处"等。
- 通过扩写改写、简写还原、指代消解和挖掘隐含意图等方式，丰富查询的表达形式，提升其与相关文档的语义覆盖度。常见的改写方法包括以下几种。
  - 扩写改写：利用知识库、词表等，对查询进行扩展和泛化。如"去香港旅游要注意什么"可扩充为"香港旅游注意事项、香港旅游攻略、去香港要准备什么"等。
  - 简写还原：将查询中的简写形式还原为全称，如将"亚马逊买耳机"中的"亚马逊"还原为"亚马逊网上商城"。
  - 指代消解：识别查询中的代词或指示词，并替换为具体指代内容。如"这款手机的价格是多少"中的"这款"需替换为上下文所提及的具体品牌和型号。

- 挖掘隐含意图：挖掘查询背后的潜在意图，并将它显式化。如"头疼怎么办"可拓展为"头疼如何缓解""头疼要吃什么药"等。

以上介绍的查询理解技术在实际应用中通常结合起来协同工作。一个常见的工作流程可梳理如下：首先，系统通过意图分类判别输入的查询是否为事实类问题，如果是，则触发知识图谱问答；否则进入检索排序流程。在检索排序管道中，可嵌入槽位填充和查询改写模块，通过这些模块的细化和扩充，逐步丰富查询表示。在选择具体的改写方法时，需要权衡效果和成本：过度改写可能引入噪声，而欠改写又可能导致捕获信息不充分。因此，在实际应用中需要通过 A/B 实验等方法评估改写策略，优化各模块的参数组合。

利用大模型和 LangChain 实现上述查询理解的代码示例如下：

```python
from langchain.chains import TransformChain, LLMChain
from langchain.llms import OpenAI
from langchain.prompts import PromptTemplate

# 加载大模型
from langchain_community.llms import Ollama

# 初始化 DeepSeek-R1 模型
llm = Ollama(
    model="deepseek-r1:7b",
    temperature=0.2,  # 降低创造性以提升准确性
    context_size=4096
)

# 定义意图分类提示
intent_prompt = PromptTemplate(
    input_variables=["query"],
    template="""
    将以下查询分类到预定义的意图类别中：
    意图类别：[闲聊, 问答, 任务型]
    查询：{query}
    意图："""
)
```

```python
# 定义槽位填充提示
slot_prompt = PromptTemplate(
    input_variables=["query"],
    template="""
    从以下查询中提取预定义槽位的值:
    槽位: [城市, 日期, 信息类型]
    查询: {query}
    槽位值:
    城市:
    日期:
    信息类型: """
)

# 定义查询改写提示
rewrite_prompt = PromptTemplate(
    input_variables=["query"],
    template="""
    对以下查询进行改写,使它更加简洁、明确:
    原查询: {query}
    改写后的查询: """
)

# 定义意图分类、槽位填充和查询改写的链
intent_chain = TransformChain(input_variables=["query"], prompt=intent_prompt, llm=llm)
slot_chain = TransformChain(input_variables=["query"], prompt=slot_prompt, llm=llm)
rewrite_chain = LLMChain(llm=llm, prompt=rewrite_prompt)

# 待处理的查询
query = "明天上海的天气怎么样?"

# 执行意图分类
intent = intent_chain.run(query)
print(f"查询意图: {intent}")

# 执行槽位填充
slots = slot_chain.run(query)
print(f"槽位值: {slots}")

# 执行查询改写
rewritten_query = rewrite_chain.run(query)
print(f"改写后的查询: {rewritten_query}")
```

针对一些较长、复杂的用户查询,单轮检索往往难以明确用户的

意图。为了更准确地把握用户需求，我们可以采用以下策略。

- 查询分解：利用句法和语义分析工具，如依存解析、语义角色标注等，将复合查询拆解为若干简单子查询，然后递归地进行多轮检索，并综合多路结果，可以更准确地捕捉查询语义。以"对比 A 和 B 在性能、价格两方面的异同"为例，可将该查询拆解为对 A 和 B 的性能、价格分别进行查询，再对比差异。
- 查询引导：通过与用户的多轮交互，引导用户进一步明确其查询意图。以下为一段示例对话。

    用户："如何学好英语口语？"
    系统："请问你目前的英语水平如何（初级/中级/高级）？"
    用户："初级水平。"
    系统："你是否需要一些学习资料的推荐？（是/否）"
    用户："是的，最好有视频教程。"
    系统："好的，为你推荐以下适合初学者的口语教程视频……"

- 知识驱动：对于事实类、定义类的查询，优先在知识库、维基百科等结构化数据源中检索答案。比如"姚明的身高是多少"或"电影《泰坦尼克号》讲述了什么"这样的问题，可以直接从知识库中检索到准确答案，而无须进行大规模文本检索。

4.1.3 小结

查询理解技术直接影响到 RAG 系统对用户需求的精准把握。为了提升查询理解的准确性，系统需要在纠错、扩写、消歧等方面不断完善，并朝着个性化、多轮交互的方向优化。面对复杂查询，系统应采用查询分解、查询引导等策略化繁为简。

4.2 基础检索范式

在 RAG 系统中,检索召回是用户查询理解之后的另一关键步骤,旨在从海量候选集中快速且准确地找出与用户查询相关的文档或片段,为后续的答案生成提供高质量的信息源。检索范式的选择直接影响召回的效率和准确性,在本节中,我们将重点介绍三种常见的基础检索范式。

4.2.1 语义向量检索

语义向量检索(semantic vector retrieval)也叫稠密检索(dense retrieval),是一种基于连续稠密向量(dense vector)的相似性检索方法。核心思想是将查询和文档集合映射到同一个低维连续语义空间,然后通过向量距离度量它们之间的相关性。图 4-1 展示了语义向量检索的执行流程。

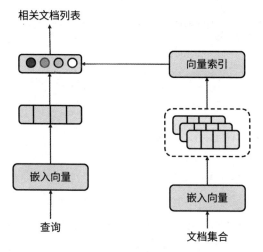

图 4-1 语义向量检索的执行流程

在得到查询向量和文档向量后,可通过 L2 距离、内积、余弦相似度等方法快速计算它们的相关性分数,并按分数排序选出得分最高的 k 个候选结果。这种检索方式具有以下优势。

- 强语义性:可捕捉查询和文档之间的深层次相关性,如同义词、上下位关系等,弥补了关键词匹配的局限性。
- 高计算效率:向量比较的时间复杂度远低于文本相似度计算,可实现快速响应。
- 良好的可解释性:可通过分析查询和文档的向量表示来解释它们之间的相关性来源。

以下是一个基于 LangChain 的语义向量检索代码示例:

```python
from langchain.embeddings import HuggingFaceEmbeddings
from langchain.vectorstores import FAISS
from langchain.text_splitter import CharacterTextSplitter
from langchain.document_loaders import TextLoader

# 加载语料
loader = TextLoader('../data/doc.txt')
documents = loader.load()
text_splitter = CharacterTextSplitter(chunk_size=500, chunk_overlap=0)
texts = text_splitter.split_documents(documents)

# 语义编码
embeddings = HuggingFaceEmbeddings()
db = FAISS.from_documents(texts, embeddings)

# 语义检索
query = "法国的首都是哪里? "
docs = db.similarity_search(query, k=3)

# 打印结果
print(docs[0].page_content)
```

在语义向量检索中,通常采用近似最近邻搜索算法来计算向量的相似性。在 3.2 节中,我们介绍了各种向量索引类型,这些技术是实现近似最近邻搜索的关键。本节将基于这些理论基础,探讨如何在语义向量检索中应用向量索引技术。

4.2 基础检索范式

我们将以局部敏感哈希（locality-sensitive hashing，LSH）算法为例，详细介绍其在语义向量检索中的实现原理。LSH算法的核心思想是设计一种哈希函数，使得在原始空间中相近的点，在哈希映射后的空间中仍然具有较高的相似度。对于余弦相似度的计算，我们可以使用随机超平面哈希（random hyperplane hashing）。LSH算法的基本实现步骤如下。

(1) 初始化LSH算法，创建多个随机超平面作为哈希函数。

(2) 当新的向量插入时，算法会计算这些向量的哈希值，并将它们存储在相应的桶中。

(3) 在查询阶段，算法首先计算查询向量的哈希值，然后只在对应的桶中搜索候选向量。

(4) 最后，计算候选向量与查询向量的余弦相似度，并返回最相似的结果。

以下代码展示了该算法的实现过程：

```python
import numpy as np
from collections import defaultdict
class LSH:
    # 初始化LSH类，创建随机超平面作为哈希函数
    def __init__(self, input_dim, num_hash_functions):
        self.input_dim = input_dim
        self.num_hash_functions = num_hash_functions
        self.hash_functions = np.random.randn(num_hash_functions,
            input_dim)
        self.hash_tables = defaultdict(list)

    # 定义哈希函数，计算向量的哈希值
    def hash(self, vector):
        return ''.join(['1' if np.dot(vector, plane) > 0 else '0'
                        for plane in self.hash_functions])

    # 插入向量，并存储在相应的桶中
    def insert(self, vector, label):
        hash_value = self.hash(vector)
        self.hash_tables[hash_value].append((vector, label))
```

```python
# 查询向量，计算余弦相似度，并返回最相似的结果
def query(self, vector, max_results=2):
    hash_value = self.hash(vector)
    candidates = self.hash_tables[hash_value]
    
    similarities = [(label, np.dot(vector, candidate) /
                    (np.linalg.norm(vector) * np.linalg.
                        norm(candidate)))
                    for candidate, label in candidates]
    similarities.sort(key=lambda x: x[1], reverse=True)
    
    return similarities[:max_results]

# 使用示例
lsh = LSH(input_dim=100, num_hash_functions=10)
# 生成随机向量并插入
vectors = [np.random.randn(100) for _ in range(1000)]for i,
    v in enumerate(vectors):
        lsh.insert(v, f"Vector_{i}")
# 查询向量
query_vector = np.random.randn(100)
results = lsh.query(query_vector)print(f"查询结果：{results}")
```

这种方法大大减少了需要比较的向量数量，从而提高了检索效率。在实际应用中，我们通常会使用多个哈希表来提高召回率，并可能需要进行一些调优以在效率和准确性之间取得平衡。需要注意的是，这只是一个简化实现。在实际的工业级实现中会涉及更复杂的数据结构和优化技巧，以应对大规模数据集和高维向量的检索需求。

得益于此，语义向量检索在工业界得到了广泛应用，一些知名的向量数据库也内置了近似最近邻算法用于加速大规模语义检索。此外，语义向量检索代表了从离散词袋表示（如 TF-IDF 算法、BM25 算法等）向连续语义表示的范式转变，其重点在于用连续向量空间来刻画查询与文档之间的语义相关性。近似最近邻算法便属于在该语义空间上进行相似性计算的一种实现手段。双塔模型则是另外一种表示学习范式，它采用两个独立的深度神经网络结构（也称为塔）分别学习查询和文档的低维表示，并直接用内积来度量它们在该表示空间的相关性。相比于语义向量检索，双塔模型能更充分地利用大规模的查

询与文档相关性数据进行端到端的监督训练，因此常作为一种高级检索范式用于召回阶段，我们将在后文详细介绍。

4.2.2 关键词检索

关键词检索（keyword retrieval）也叫稀疏检索（sparse retrieval），是一种基于词面匹配的经典检索方法。其核心思想是将查询和文档表示为关键词的集合（即词袋），然后比较两个集合的重合度来度量它们的相关性。关键词检索的执行流程如图4-2所示。

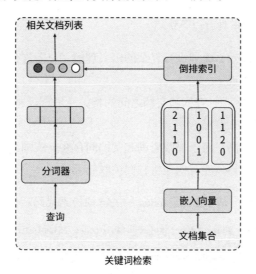

图 4-2　关键词检索的执行流程

在关键词检索中，关键词的有效提取对于检索的效果至关重要。常见的关键词提取方法有以下两种。

- 序列标注：将关键词提取看作一个序列标注问题，使用BiLSTM-CRF、BERT等模型，以有监督的方式训练关键词标注器。

- 图算法：将文档构建为词图，使用 TextRank、PageRank 等图算法计算词汇的中心度，提取中心度高的词汇作为关键词。

提取出关键词后，可使用布尔模型（Boolean model）、向量空间模型（vector space model）等经典模型来计算查询和文档之间的匹配分数。布尔模型使用 AND、OR、NOT 等逻辑操作判断文档是否包含查询的关键词组合，并给出二元相关性判断（是/否）。向量空间模型则将查询和文档表示为高维的稀疏词袋向量，通过向量夹角余弦等方式计算它们的相似度，给出实值相关性分数。

关键词检索具有以下优点。

- 简单高效：无须进行复杂的语义理解，只需进行表面词匹配，易于实现。
- 可解释性强：查询和文档之间的相关性可直接通过关键词的重合情况来解释。
- 召回率高：对于那些查询和文档间存在显式词汇重叠的情况，关键词检索能有效地将它们关联起来。

以下是一个基于 LlamaIndex 的关键词检索代码示例：

```
from llama_index import KeywordTableIndex, SimpleDirectoryReader
# 从文件夹加载数据
documents = SimpleDirectoryReader('data').load_data()
# 构建关键词索引
index = KeywordTableIndex(documents)
# 关键词检索
query_engine = index.as_query_engine()
response = query_engine.query("法国的首都是哪里？")
print(response)
```

4.2.3 混合检索

前面两节中，我们先后探讨了语义向量检索和关键词检索，为充分利用这两者的优势，混合检索（hybrid retrieval）尝试将两种方法结合起来，同时利用语义信息和词面信息，提升检索的整体效果。以下是几种常见的混合检索策略。

- 分治检索：将原始问题拆解成一系列的子问题，利用子问题分别进行检索，然后将结果集进行合并、去重、重排。
- 联合学习：通过联合训练一个统一的检索模型，同时考虑语义相关性和词面相关性，使模型能兼顾两类信息。
- 信息融合：先分别用语义向量检索和关键词检索得到两个结果集，然后将不同来源的相关性信息（如语义相关性分数、TF-IDF 分数等）进行融合，得到最终的排序结果。Milvus 向量数据库支持在召回时同时结合语义向量检索和关键词检索，并通过设置融合公式将两种计算方法的分数合并。一个简化的融合公式可能如下：

$$final\_score = \alpha \times vector\_similarity + (1-\alpha) \times keyword\_score$$

其中，vector_similarity 是基于向量距离的语义相关性分数，keyword_score 是基于标量权重（如 TF-IDF）的关键词相关性分数。α 是一个可调节的参数，用于平衡语义相关性与关键词相关性的重要性。

混合检索具有较强的鲁棒性，能够同时应对语义差异和词汇缺失的问题，从而提升检索质量。此外，其灵活可控性也使得用户可根据任务需求和数据特征调整混合策略和比例，以充分发挥语义向量检索和关键词检索各自的优势。

以下是一个基于 Milvus 的混合检索代码示例：

```
from pymilvus import connections, FieldSchema, CollectionSchema,
    DataType, Collection
# 连接 Milvus
connections.connect(host='localhost', port='19530')
```

```python
# 创建 Collection
dim = 128
default_fields = [
    FieldSchema(name="id", dtype=DataType.INT64, is_primary=True),
    FieldSchema(name="embedding", dtype=DataType.FLOAT_VECTOR,
        dim=dim)
]
default_schema = CollectionSchema(fields=default_fields,
    description="hybrid search collection")
collection = Collection(name="demo_collection",
    schema=default_schema)

# 插入向量和标量数据
import numpy as np
nb = 3000
vectors = [[np.random.random(dim)] for _ in range(nb)]  # 向量
ids = [i for i in range(nb)]  # 标量
collection.insert([ids, vectors])
# 执行混合检索
q_embedding = [np.random.random(dim)]
collection.search(
    data=[q_embedding],
    anns_field="embedding",
    param={"metric_type": "L2"},
    limit=10,
    expr=f"id in [100, 200]"  # 标量过滤
)
```

需要注意的是，混合检索虽然功能强大，但也引入了更多的超参数和设计选择。在实践中，需要根据具体问题不断尝试和优化混合策略，以平衡检索效果与效率之间的关系。

4.2.4 小结

本节介绍了 RAG 系统中常见的三种基础检索范式：语义向量检索、关键词检索和混合检索。语义检索侧重于捕捉查询与文档之间的深层次相关性，关键词检索侧重于实现精确匹配，而混合检索则融合了两者的优点。

选择合适的检索范式需要综合考虑多种因素。通常，对于语义差

异较大的场景，语义向量检索是首选；对于查询与文档间词汇重叠度高的场景，关键词检索更有优势；而在大多数实际应用场景中，混合检索往往能在不同的检索需求中取得更好的平衡。

此外，检索范式的选择不是一成不变的，往往需要通过不断迭代和优化，才能找到最佳的方案。这需要我们对数据分布、模型特性、评估指标等有深入的理解，并善于根据检索效果动态调整策略。

4.3 从基础到高级：多元化的检索范式

在前文中，我们分别介绍了语义向量检索、关键词检索、混合检索等基础检索范式。这些方法从不同角度切入，力图在捕捉查询与文档之间相关性的同时，也在效率和效果之间取得平衡。它们共同构成了 RAG 系统检索召回阶段的基石。然而，面对日益复杂的现实应用场景，单一的基础范式已不足以满足用户不断增长的信息需求。为了进一步提升检索的质量和智能化水平，我们还需要从查询理解、语义表示、知识融合等多个维度入手，不断拓展和深化检索的内涵与外延。以下我们将介绍一些高级检索范式，它们代表了检索技术的前沿发展。

4.3.1 细化的检索逻辑

在现实场景中，用户的查询通常较为复杂，往往蕴含着多个子问题。为了更好地应对这种情况，一些工作尝试采用"分而治之"的策略，将大问题拆解为若干小问题，分别进行检索，再组合起来以生成最终的答案。以下介绍两种常见的方法。

1. 链式验证

链式验证（chain-of-verification，CoVe）的核心思路是将复杂查询拆解为多个平行或递进的子查询,并对子查询的检索结果进行交叉验证和综合,以提高事实类问题回答的准确性。

例如,对于"如何预防和治疗儿童肥胖症"这个查询,链式验证可以将原问题分解为关于危害、预防措施和治疗方法的子查询。将这三个子查询进行语义检索并得到结果后,对这些结果进行两两交叉验证。例如,用一个子查询中提到的危害来佐证另一个子查询中的预防措施是必要且有效的。最后,将原问题、子查询结果、交叉验证结果等信息整合,生成一个全方位、逻辑自恰的答案。

以下是使用 LangChain 实现链式验证方法的伪代码示例:

```python
from langchain.chains import TransformChain
from langchain.llms import OpenAI

def chain_of_verification(original_query, decompose_prompt,
    retrieve_prompt, verify_prompt, combine_prompt):
    # 定义任务流
    decompose_chain = TransformChain(input_variables=["original_
        query"], output_variables=["sub_queries"],
        prompt=decompose_prompt)
    retrieve_chain = TransformChain(input_variables=["sub_query"],
        output_variables=["result"], prompt=retrieve_prompt)
    verify_chain = TransformChain(input_variables=["result1", "result2"],
        output_variables=["verification"], prompt=verify_prompt)
    combine_chain = TransformChain(
        input_variables=["original_query", "sub_queries", "results",
            "verifications"],
        output_variables=["answer"],
        prompt=combine_prompt
    )

    # 分解原问题为子查询
    sub_queries = decompose_chain.run(original_query=original_query)

    # 对子查询进行检索
    results = []
    for sub_query in sub_queries:
        result = retrieve_chain.run(sub_query=sub_query)
        results.append(result)
```

```
# 对检索结果进行交叉验证
verifications = []
for i in range(len(results)):
    for j in range(i+1, len(results)):
        verification = verify_chain.run(result1=results[i],
            result2=results[j])
        verifications.append(verification)

# 综合所有信息生成最终答案
answer = combine_chain.run(
    original_query=original_query,
    sub_queries=sub_queries,
    results=results,
    verifications=verifications
)

return answer
```

2. RAG-Fusion

RAG-Fusion 是一种创新的检索范式。它采用"1-to-N-to-1"的思路，先利用大模型生成多个变体查询，再对变体分别检索，最后用倒数排序融合（reciprocal rank fusion，RRF）等方法对多路召回结果进行融合排序。这种方法有助于从多角度捕捉用户的潜在意图。RAG-Fusion 的框架如图 4-3 所示。

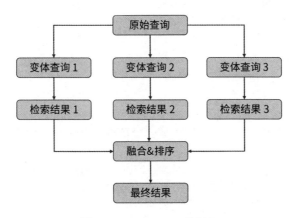

图 4-3　RAG-Fusion 的框架

RAG-Fusion 的核心思想是通过在查询空间引入变体，从多个角度触发相关文档的召回，从而提高召回的多样性和覆盖度。同时，变体查询之间可能存在一定的互补关系，融合这些检索结果有助于捕捉更全面的语义信息。在融合排序时，RAG-Fusion 采用 RRF 这种基于倒数排名的加权策略，赋予排名靠前的文档更高的权重，从而兼顾结果的相关性和重要性。

以下是使用 RAG-Fusion 方法进行检索增强生成的代码示例：

```python
from transformers import AutoTokenizer, AutoModelForSeq2SeqGeneration
from rank_bm25 import BM25Okapi
from scipy.stats import rankdata
from typing import List, Tuple
import torch

def rag_fusion(
    query: str,
    corpus: List[str],
    num_variants: int = 3,
    num_results: int = 10
) -> List[str]:
    """
    Args:
        query: 输入的查询字符串
        corpus: 待检索的文档集合
        num_variants: 生成的查询变体数量，默认为3
        num_results: 返回的检索结果数量，默认为10

    Returns:
        按相关度排序的文档列表
    """
    # 加载预训练模型和分词器
    model = AutoModelForSeq2SeqGeneration.from_pretrained('t5-base')
    tokenizer = AutoTokenizer.from_pretrained('t5-base')

    # 使用 T5 模型生成查询变体
    input_ids = tokenizer(query, return_tensors='pt').input_ids
    with torch.no_grad():  # 推理时不需要梯度
        output_ids = model.generate(
            input_ids,
            num_beams=num_variants,
```

```python
        num_return_sequences=num_variants,
        no_repeat_ngram_size=2,
        early_stopping=True
    )
variants = [
    tokenizer.decode(ids, skip_special_tokens=True)
    for ids in output_ids
]

# 对每个变体使用 BM25 进行检索
corpus_docs = [doc.split() for doc in corpus]
bm25 = BM25Okapi(corpus_docs)

results = []
for variant in variants:
    variant_docs = bm25.get_top_n(
        variant.split(),
        corpus,
        n=num_results
    )
    results.append(variant_docs)

# 融合多路检索结果
fused_results = []
for i, doc in enumerate(corpus):
    # 计算每个文档在不同变体检索结果中的得分
    doc_scores = []
    for result in results:
        if i < len(result):
            # 使用倒数作为排名分数
            doc_scores.append(1 / (i + 1))
        else:
            doc_scores.append(0)

    doc_score = sum(doc_scores)
    fused_results.append((doc_score, doc))

# 按分数降序排序并返回结果
ranked_results = sorted(
    fused_results,
    key=lambda x: x[0],
    reverse=True
)
return [doc for _, doc in ranked_results[:num_results]]
```

4.3.2 生成假设性答案

HyDE（hypothetical document embedding）是一种基于生成式问答的高阶检索方法。其核心思想是通过生成假设性的答案来进行检索。具体而言，HyDE首先根据查询生成一个假设性的答案文档向量，然后计算该向量与文档集合中所有文档向量的相似度，并选取与假设性答案最相似的 top-k 个文档作为候选。相比于直接对查询进行编码，HyDE先将查询转化为一种理想答案的形式，从查询的潜在答案出发进行召回，这种方法增强了语义的捕捉能力。

这种"先生成答案，后检索文档"的思路有两个优势。首先，通过生成假设性答案拉近了查询和目标文档在语义空间中的距离，缓解了它们在表述形式上的差异。其次，生成答案的过程本身就蕴含了对查询的语义理解和知识汇聚，使得检索过程可以在更高层次的语义基础上进行。在实际应用中，假设性答案的生成可以采用预训练的大模型（如 ChatGLM、Llama 等）。此外，我们还可以在答案生成时融入外部知识，引导模型产生更合理、更全面的假设。

4.3.3 迭代式检索

传统的召回过程通常是单轮的，即根据最初的查询检索候选文档，然后直接进入排序环节。但在实践中，这种单轮检索往往难以充分满足用户的复杂意图。迭代式检索采用了多轮查询-响应的交互形式，通过反复的"检索-回答-判断"循环，逐步细化和改进召回结果。具体过程如下。

(1) 根据当前查询进行召回，获得候选文档集合；
(2) 对这些候选文档进行排序，生成 top-k 个最相关的文档；
(3) 利用阅读理解、信息抽取等技术，从以上文档中总结出一个粗略答案；

(4) 评估答案的质量,并根据评估结果生成一个改进后的新查询;

(5) 将改进后的查询代入步骤(1),开启新一轮迭代。

可以看到,迭代式检索通过反馈机制,在查询、候选文档与召回答案之间建立了一个渐进的优化过程。每一轮迭代都能够修正上一轮的偏差,使召回结果离用户的真实意图越来越近。迭代的终止条件可以根据答案质量、迭代次数等因素灵活设置。以下是迭代式检索的伪代码实现:

```
def iterative_retrieve(query, threshold):
    candidates = retrieve(query)
    while True:
        top_docs = rank(candidates, k)
        answer = extract_summary(top_docs)
        if is_good_enough(answer, threshold):
            return top_docs
        else:
            query = refine_query(answer, query)
            candidates = retrieve(query)
```

4.3.4 分步提示

分步提示(step-by-step prompting)的核心思路是将复杂查询分解为一系列递进的提示,引导模型逐步细化和完善问题。这个过程可以形式化地表示为:

$$q^0 = origin\,query$$
$$c_i = f_{\text{abstract}}\left(q^{i-1}\right), i = 1, 2, \cdots, K$$
$$q^i = f_{\text{generate}}\left(c_1, c_2, \cdots, c_i; q^0\right), i = 1, 2, \cdots, K$$
$$a = f_{\text{LM}}\left(q^K, retrieve\left(q^0\right), retrieve\left(q^K\right)\right)$$

其中 q^0 表示原始查询,c_i 表示第 i 步提取出的高层概念,q^i 表示第 i 步细化后的查询,a 表示最终答案。f_{abstract} 和 f_{generate} 分别对应概念提取和查询生成所使用的模型,f_{LM} 则是一个综合概念、原始查询与细化查询的答案生成器。

举个例子,假设原始查询是"如何预防和治疗儿童肥胖症",通过分步提示可以生成如下一系列递进的提示。

- c_1 = "儿童肥胖症的危害"
  q^1 = "儿童肥胖症有哪些危害?如何通过预防和治疗减少这些危害?"
- c_2 = "儿童肥胖症的预防措施"
  q^2 = "儿童肥胖症的预防措施有哪些?如何在生活中落实这些预防措施?"
- c_3 = "儿童肥胖症的治疗方法"
  q^3 = "儿童肥胖症有哪些常见的治疗方法?不同治疗方法的优缺点和适用人群是什么?"

最后,原始查询、细化查询,以及提取的关键概念的检索结果被输入答案生成器,生成一个全面且有针对性的答案。以下是一个基于LangChain的分步提示的伪代码实现:

```
from langchain.prompts import PromptTemplate
from langchain.chains import LLMChain
from langchain_community.llms import Ollama

def step_by_step_prompting(original_query, abstract_prompt,
    generate_prompt, retriever, answer_generator, num_steps=3):
    # 定义概念提取和问题生成的提示模板
    abstract_template = PromptTemplate(template=abstract_prompt,
        input_variables=["query"])
    generate_template = PromptTemplate(template=generate_prompt,
        input_variables=["concepts", "original_query"])

    # 初始化大模型
    # 初始化 DeepSeek-R1 模型
    llm = Ollama(
        model="deepseek-r1:7b",
        temperature=0.2,   # 降低创造性以提升准确性
        context_size=4096
```

```python
)

abstract_chain = LLMChain(llm=llm, prompt=abstract_template)
generate_chain = LLMChain(llm=llm, prompt=generate_template)

query = original_query
concepts = []
for i in range(num_steps):
    # 提取高层概念
    concept = abstract_chain.run(query=query)
    concepts.append(concept)

    # 生成细化后的 query
    query = generate_chain.run(concepts=concepts,
        original_query=original_query)

# 检索原始查询和细化查询的结果
original_results = retriever.get_relevant_documents(original_
    query)
refined_results = retriever.get_relevant_documents(query)

# 生成最终答案
answer = answer_generator.run(original_query=original_query,
                              refined_query=query,
                              concepts=concepts,
                              original_results=original_results,
                              refined_results=refined_results)

return answer
```

4.3.5 基于表示模型的检索

随着语言模型和对比学习的发展，一系列强大的语义向量表示模型被广泛应用于召回阶段，极大地提升了语义匹配的效果。这些模型通常采用对比学习范式，通过构建正负样本对，在向量空间中拉近相似文本、疏远不相关文本，从而学习到高质量的语义编码器。相比于传统的词袋模型和主题模型，基于表示能够更深入地挖掘文本的上下文语义，揭示字词间的内在关联，在应对复杂查询时的匹配效果更佳。此外，得益于负采样等技术，语义召回的泛化能力与迁移能力也得到显著增强。下面我们将重点介绍两种具有代表性的语义表示模型。

(1) SimCSE（simple contrastive learning of sentence embeddings）

SimCSE 提出了一种无监督的语义表示学习方法，该方法仅依赖于纯文本数据，就可以训练出一个优质的语义编码器。其核心思想是将同一个输入句子通过两次不同的 dropout 掩码操作，得到两个不同的表示作为正样本对，而将批次（batch）中其他句子的表示作为负样本，通过对比学习来最小化正样本的语义距离、最大化负样本的语义距离。

具体来说，SimCSE 将输入文本 x 通过两次随机的 dropout 操作，生成两个增强版本 $\tilde{x}_i$ 和 $\tilde{x}_j$，然后使用 BERT 模型分别对这两个增强后的文本进行编码，得到对应的语义向量 $\boldsymbol{h}_i$ 和 $\boldsymbol{h}_j$。这样的正样本对 $(\boldsymbol{h}_i, \boldsymbol{h}_j)$ 与批次中其他句子的表示形成负样本对。SimCSE 的目标就是拉近正样本对的距离，同时疏远负样本对，从而获得一个语义连贯、噪声鲁棒的文本表示，其工作流程如图 4-4 所示。

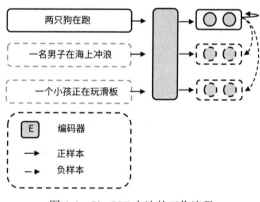

图 4-4 SimCSE 方法的工作流程

SimCSE 采用了一种基于 InfoNCE（information noise-contrastive estimation，信息噪声对比估计）损失函数的变体，将概率归一化的范围限制在同一个批次内。其损失函数定义如下：

$$\mathcal{L}(h_i, h_j) = -\log \frac{e^{\text{sim}(h_i, h_j)/\tau}}{\sum_{h_k \in \{h_j\} \cup \mathcal{N}_{h_i}} e^{\text{sim}(h_i, h_k)/\tau}}$$

其中 h_i 是输入 $\tilde{x}_i$ 的语义向量，h_j 是 x 的增强变体 $\tilde{x}_j$ 的语义向量，$\mathcal{N}_{h_i}$ 是批次内其他样本的语义向量，$\text{sim}(h_i, h_j)$ 是向量 h_i 与 h_j 的余弦相似度。τ 为温度超参数，用于控制分布的平滑度。

以下代码示例展示了 SimCSE 的核心逻辑，它基于 PyTorch 实现了一个无监督模型，并用于生成文本的语义嵌入表示：

```python
import torch
import torch.nn as nn
import torch.nn.functional as F

class SimCSE(nn.Module):
    def __init__(self, bert, temp=0.05):
        super().__init__()
        self.bert = bert
        self.temp = temp

    def forward(self, x1, x2, x3):
        # x1, x2是同一个样本的两个增强版本，x3是批次中的其他样本
        z1 = self.bert(**x1)[1]
        z2 = self.bert(**x2)[1]
        z3 = self.bert(**x3)[1]

        # 计算两两之间的余弦相似度,构成一个3 × 3矩阵
        sim_matrix = F.cosine_similarity(z1.unsqueeze(1),
            torch.cat([z2, z3], dim=0).unsqueeze(0), dim=-1)

        # 取(0, 0)作为正样本相似度，其他位置作为负样本相似度
        sim_pos = sim_matrix[0, 0]
        sim_neg = sim_matrix[0, 2:]

        # 将相似度除以温度超参数后计算交叉熵损失
        logits = torch.cat([sim_pos.unsqueeze(0), sim_neg]) / self.temp
        labels = torch.zeros(len(logits), dtype=torch.long)
        loss = F.cross_entropy(logits, labels)

        return loss
```

```
# 训练示例
model = SimCSE(BertModel.from_pretrained('bert-base-uncased'))
optimizer = torch.optim.Adam(params=model.parameters(), lr=3e-5)

for epoch in range(num_epochs):
    for batch in dataloader:
        x1, x2, x3 = batch
        loss = model(x1, x2, x3)

        optimizer.zero_grad()
        loss.backward()
        optimizer.step()
```

SimCSE 作为一种简洁而有效的无监督语义表示学习方法，在许多语义相似度任务中取得了优于有监督模型的表现。它表明，在语义表示学习中，即使没有明确的配对信息，依然可以从文本中挖掘出大量有价值的语义信息。这种方法为基于表示模型的检索提供了新的思路。

(2) ColBERT

SimCSE 属于双塔式的早交互模型，这种模型的优势在于推理效率高，但由于编码过程完全独立，无法捕捉查询和文档之间的显式交互信息。针对这一问题，ColBERT 提出了一种新颖的迟交互机制，在保持检索高效性的同时，保留了 BERT 模型对上下文信息的建模能力。

ColBERT 的工作流程如图 4-5 所示。其核心思想是：将查询和文档分别进行编码，但不直接聚合整体的表示，而是保留 token 级别的语义向量。通过这种方式，我们得到一个 $\mathbb{R}^{L \times d}$ 的矩阵 $\boldsymbol{E} = \begin{bmatrix} \boldsymbol{E}_Q ; \boldsymbol{E}_D \end{bmatrix}$，其中 L 是序列长度，d 是隐藏层的维度，$\boldsymbol{E}_Q$ 和 $\boldsymbol{E}_D$ 分别表示查询和文档中每个 token 对应的语义向量。接下来，ColBERT 使用最大池化操作，计算查询中的每个 token 在文档所有 token 中的最大相似度，并将这些最大相似度值相加，得到查询和文档之间的总体匹配分数。最大相似度的计算公式如下：

$$\text{MaxSim}(E_Q, E_D) = \sum_{i=1}^{|E_Q|} \max_{j=1}^{|E_D|} \frac{E_Q[i] \cdot E_D[j]}{\|E_Q[i]\| \cdot \|E_D[j]\|}$$

其中 $E_Q[i]$ 表示查询中第 i 个 token 的语义向量，$E_D[j]$ 表示文档中第 j 个 token 的语义向量。可以看出，最大相似度的计算本质上是在 token 级别上对齐查询和文档的语义，寻找它们在局部表达上的最佳匹配。这种细粒度的交互方式弥补了双塔模型的不足，使得相关性判别可以深入到更精细的语义层次。

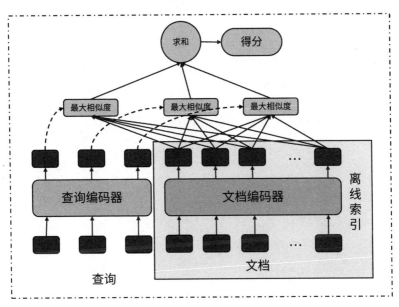

图 4-5　ColBERT 方法的工作流程

在训练阶段，ColBERT 的损失函数与 SimCSE 类似，都通过构造正负样本对并计算其相似度来优化模型。有所不同的是，ColBERT 采用了同批次负采样（in-batch negatives）策略，即直接使用同一个批次中的其他文档构建负样本。这种方法不仅避免了额外的负采样开销，而且更高效地利用 GPU 并行计算的优势。

在推理阶段，为了加速最大相似度计算，ColBERT 引入了 FAISS 库。通过对文档矩阵进行乘积量化和倒排索引，FAISS 可以将最大内积搜索的时间复杂度从 $O(d^2)$ 降低到 $O(\log d)$，使得大规模语义检索成为可能。以下代码基于 PyTorch 实现了 ColBERT 的核心模块，用于计算查询和文档的最大相似度：

```python
import torch
import torch.nn as nn
import torch.nn.functional as F

class ColBERT(nn.Module):
    def __init__(self, bert):
        super().__init__()
        self.bert = bert
        self.linear = nn.Linear(bert.config.hidden_size, 128)
        # 降维至 128

    def forward(self, input_ids, attention_mask, token_type_ids):
        outputs = self.bert(input_ids, attention_mask,
            token_type_ids, output_hidden_states=True)
        hidden_states = outputs.hidden_states[-1]
        embeddings = self.linear(hidden_states)  # (batch_size,
            seq_len, 128)

        # 对最后一个维度做 L2 归一化
        embeddings = F.normalize(embeddings, p=2, dim=-1)

        return embeddings

    def maxsim(self, Q, D):
        # Q: (m, d), D: (n, d)
        scores = torch.matmul(Q, D.transpose(0, 1))  # (m, n)

        q_max = torch.max(scores, dim=-1).values   # (m,)
        d_max = torch.max(scores, dim=0).values    # (n,)

        score = (q_max.sum() + d_max.sum()) / 2

        return score

    def compute_loss(self, Q, D_pos, D_negs):
        # Q: (m, d), D_pos: (n, d), D_negs: (num_neg, n, d)
        scores_pos = self.maxsim(Q, D_pos)
```

```
            scores_neg = torch.cat([self.maxsim(Q, D_neg) for D_neg in
                D_negs])

            logits = torch.cat([scores_pos.unsqueeze(0), scores_neg])
            labels = torch.zeros(len(logits), dtype=torch.long)

            loss = F.cross_entropy(logits, labels)

            return loss

# 训练示例
model = ColBERT(BertModel.from_pretrained('bert-base-uncased'))
optimizer = torch.optim.Adam(params=model.parameters(), lr=3e-5)

for epoch in range(num_epochs):
    for batch in dataloader:
        input_ids, attention_mask, token_type_ids, labels = batch
        Q = model(input_ids, attention_mask, token_type_ids)
        D_pos = model(input_ids, attention_mask, token_type_ids)
            [labels == 1]
        D_negs = model(input_ids, attention_mask, token_type_ids)
            [labels == 0]

        loss = model.compute_loss(Q, D_pos, D_negs)

        optimizer.zero_grad()
        loss.backward()
        optimizer.step()
```

ColBERT通过迟交互机制，最大程度地保留了BERT的上下文信息，同时又避免产生巨大的计算开销。它在文档token之间共享计算，节省了存储空间，并通过FAISS实现近似最大内积搜索，加速了查询响应。这些设计使得ColBERT在效果和效率之间取得了良好的平衡，是语义检索领域的一大创新。

4.3.6 重写-检索-阅读

重写-检索-阅读（rewrite-retrieval-read）是一种在RAG框架中使用的新技术，旨在通过查询重写来改进检索效果，其工作流程如图4-6所示。与传统的"先检索后阅读（retrieve-then-read）"方法不同，重写-检索-阅读主要包括以下实现步骤。

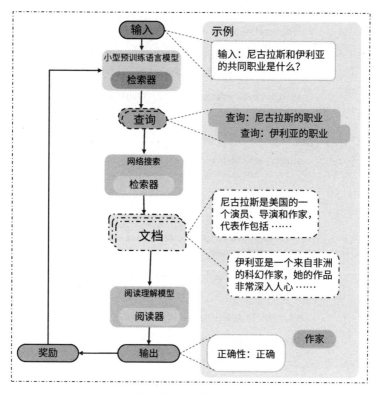

图 4-6 重写-检索-阅读方法的工作流程

(1) **查询重写**：首先，系统会使用小型预训练语言模型对用户的原始查询进行重写，以更准确地表达问题意图。这一步骤有助于纠正原始查询中可能存在的结构或措辞问题，从而提高检索的相关性和准确性。

(2) **信息检索**：重写后的查询随后被用于检索相关内容。这一步骤通常需要借助 Web 搜索引擎或其他检索工具来获取所需的文档或信息。

(3) **阅读理解**：检索到的内容随后被送入阅读理解模型，该模型提取和整合关键信息，生成最终的响应。

这种方法的核心优势在于，它从查询重写的角度出发，优化了整个检索过程，使得最终生成的结果更加符合用户期望。此外，通过训练一个小型语言模型作为查询重写器，并根据阅读理解模型的输出反馈来优化查询重写过程，可以进一步提升整体的检索与生成效果。

4.3.7 基于知识库的语义增强

知识库中包含了高度结构化的实体、概念、关系等先验知识，一些研究尝试将这些信息整合到检索过程中，为检索过程的语义理解提供了有力支持，以下介绍相关工作采取的具体步骤。

(1) 将查询和文档中的关键词与知识库中的实体进行对齐，提取与关键词相关的结构化表示（如类型、属性、上下位关系等），作为额外的匹配特征，有助于更好地理解用户的查询意图。

(2) 利用外部知识库构建一个包含多种类型节点的异质图谱，学习文本与实体之间的联合语义表示，实现基于知识的软匹配。

(3) 分别针对查询和候选文档生成相关的知识子图，将子图编码为向量，用于增强文本表示。

将先验知识融入检索不仅能扩充文本的语义信息，还能在一定程度上缓解词汇鸿沟问题，使召回过程更智能化。然而，将知识库引入语义检索仍面临一些挑战，如实体链接的准确性、知识表示与文本语义空间的异构性，以及可解释性等问题。这需要我们在知识获取、知识与文本对齐、表示学习等环节进行更深入的探索。

4.3.8 小结

检索是 RAG 系统的基石，高效、准确的检索为后续环节的完成质量提供了必要保障。在语义向量检索、关键词检索、混合检索等基础范式之外，本节介绍了一些更高级的检索范式，如迭代式检索、基于表示模型的检索等。下一节我们将讨论排序策略，研究如何从海量的召回结果中精准筛选出高相关、高质量的内容。

4.4 重排模块

重排模块的主要作用是对检索结果进行优化排序，以提高系统的整体性能。通过重排模块的处理，我们可以从大量的召回结果中筛选出与用户查询最相关、质量最高的文档，从而显著改善用户的搜索体验。重排模块的效果直接影响到 RAG 系统的召回率、准确率和用户满意度，因此选择合适的重排方法至关重要。

本节将详细介绍几种常用的重排方法，包括基于倒序排序融合的重排算法、直接使用重排序模型以及基于规则的重排方法。我们将通过公式推导和案例分析，深入探讨每种方法的原理、优缺点和应用场景。此外，我们还将讨论重排模块的优化和改进策略。

4.4.1 重排模块的必要性

在 RAG 系统中，重排序模型的必要性源于检索过程中存在的随机性，这也是为何 RAG 系统第一次召回的结果往往不太令人满意。对于大规模数据集（例如包含数百万甚至数千万的文档索引），为了提高召回效率，系统通常会牺牲一定的精确度，采用更为粗略的检索策略，例如增加 top-k 的数量，将原来返回的 10 个文档增加到 30 个，召回更多候选结果，并通过重排方法对这些结果进行精细排序，确保返回相关内容。

重排模块通过二阶段检索流程，能够有效地提高检索结果的质量和相关性，具体来说，它通过筛选高质量内容并过滤噪声信息，最大化信息密度，从而提高系统整体性能；同时，重排模块还能够提高模型对上下文的使用效率，提升信息连贯性和多样性，降低信息的不一致性，以避免冲突。

以下是一个优化上下文使用效率的示例代码：

```python
def optimize_context(context, query):
    # 对上下文进行分块
    chunks = split_into_chunks(context)

    # 计算每个分块与查询的相关性得分
    relevance_scores = compute_relevance(chunks, query)

    # 选择相关性得分最高的 top-k 个分块
    top_k_chunks = select_top_k(chunks, relevance_scores, k=5)

    # 将选定的分块重新组合成优化后的上下文
    optimized_context = concatenate(top_k_chunks)

    return optimized_context
```

由于不同召回算法计算得出的分数范围可能不一致，重排模块需要采取措施，确保来自不同数据源的召回结果能够有效融合。为了解决这一问题，我们可以使用倒序排序融合算法。以下是一个倒序排序融合算法的实现示例：

```python
def reverse_sort_fusion(scores1, scores2):
    # 对分数进行归一化
    normalized_scores1 = normalize(scores1)
    normalized_scores2 = normalize(scores2)

    # 对归一化后的分数进行倒序排序
    sorted_scores1 = sort_descending(normalized_scores1)
    sorted_scores2 = sort_descending(normalized_scores2)

    # 融合排序后的分数
    fused_scores = [s1 + s2 for s1, s2 in zip(sorted_scores1,
        sorted_scores2)]

    return fused_scores
```

4.4.2 重排模块的方法

本节将重点介绍三种常见的重排方法：基于倒序排序融合的重排方法、直接使用重排序模型的方法、基于规则的重排方法。下面，我们将逐一详细介绍这几种方法的原理和应用。

1. 基于倒序排序融合的重排算法

该方法首先解决了不同召回算法产生的分数范围不一致的问题：通过对分数进行归一化处理，将它们映射到相同的范围内。具体的归一化公式如下：

$$\text{norm\_score}_i = \frac{\text{score}_i - \text{min\_score}}{\text{max\_score} - \text{min\_score}}$$

其中，score_i 表示第 i 个召回结果的原始分数，min_score 和 max_score 分别表示所有结果分数中的最小值和最大值，norm_score_i 表示归一化后的分数。然后，使用倒序排序融合算法对多路召回结果进行排序和融合。具体而言，该算法将归一化后的分数按照倒序排列，然后对排序后的分数进行加权融合，得到最终的排序结果。融合公式如下：

$$\text{fused\_score}_i = \sum_{j=i}^{n} w_j \cdot \text{norm\_score}_{ij}$$

其中，n 表示召回算法的数量，w_j 表示第 j 个召回算法的权重，norm_score_{ij} 表示第 i 个召回结果在第 j 个召回算法中的归一化分数，fused_score_i 表示第 i 个召回结果的最终融合分数。

这种方法能够有效地综合多个召回算法的结果，提高重排的准确性和鲁棒性。例如，假设有三个召回算法 A、B 和 C，对于某个查询，它们分别召回了以下文档和对应的分数（文档 ID 后面的数字表示原始分数）。

- 算法 A 召回的文档：[doc1: 0.6, doc2: 0.8, doc3: 0.4]
- 算法 B 召回的文档：[doc2: 0.7, doc3: 0.9, doc4: 0.5]
- 算法 C 召回的文档：[doc1: 0.8, doc4: 0.6, doc5: 0.7]

可以看到，不同召回算法返回的文档有重叠，但分数范围不一致。我们首先对每个算法召回的文档分数进行归一化处理，得到以下结果。

- 算法 A 的归一化分数：[doc1: 0.5, doc2: 1.0, doc3: 0.0]
- 算法 B 的归一化分数：[doc2: 0.5, doc3: 1.0, doc4: 0.0]
- 算法 C 的归一化分数：[doc1: 1.0, doc4: 0.5, doc5: 0.75]

然后，假设三个召回算法的权重分别为 0.4、0.3 和 0.3，对归一化分数进行加权融合，计算得到以下融合分数。

- doc1 的融合分数：$0.5 \times 0.4 + 1.0 \times 0.3 = 0.5$
- doc2 的融合分数：$1.0 \times 0.4 + 0.5 \times 0.3 = 0.55$
- doc3 的融合分数：$0.0 \times 0.4 + 1.0 \times 0.3 = 0.3$
- doc4 的融合分数：$0.0 \times 0.3 + 0.5 \times 0.3 = 0.15$
- doc5 的融合分数：$0.75 \times 0.3 = 0.225$

最后，根据融合分数对文档进行重排，得到的排序结果为：[doc2,doc1,doc3,doc5,doc4]。

可以看出，这种方法能够平衡不同召回算法的优缺点，从而得到更加准确和全面的排序结果。然而，这种方法仍然依赖于原有的召回分数，无法根据查询与文档相关性直接建模。为了进一步提高重排的精准度，研究者提出了另一类方法，直接使用重排序模型。

2. 直接使用重排序模型

与向量模型不同，重排序模型将用户查询和检索得到的相关片段作为输入，直接输出查询和每个片段的相似度分数。值得注意的是，重排序模型通常使用交叉熵损失进行优化,因此计算得到的相似度分数不局限于特定范围,甚至可以是负数。目前,常用的重排序模型包括 Cohere 公司的 Cohere Rerank、智源研究院开源的 BGE-Reranker 和网易有道开源的 BCEmbedding 中的 RerankerModel。

以 Cohere Rerank 为例,其排序过程可以表示为:

$$\text{sim\_score}_i = \text{CohereRerank}(\text{query}, \text{doc}_i)$$

其中,query 表示用户查询,doc_i 表示第 i 个候选文档,sim_score_i 表示重排序模型计算出的第 i 个文档与用户查询的相似度分数。

假设使用 Cohere Rerank,对于查询"自然语言处理的应用",检索到的候选文档包括:A."自然语言处理技术概述",B."机器翻译中的自然语言处理方法",C."自然语言处理在情感分析中的应用"。将查询和每个候选文档输入重排序模型,得到以下相似度分数:A.2.5,B.1.8,C.3.2。根据这些相似度分数,对候选文档进行排序,得到最终的排序结果:C>A>B。

近年来,基于 Transformer 的排序模型在语义匹配和排序任务中取得了显著进展。表 4-1 列举了几种有代表性的 Transformer 排序模型。

表 4-1 部分 Transformer 排序模型及其特点

模型	编码方式	交互方式	损失函数
BERT-based	双塔独立编码	后期交互	负采样交叉熵
ColBERT	联合编码	最大残差交互	负采样交叉熵
Poly-Encoder	双塔独立编码	注意力交互	负采样交叉熵

如表 4-1 所示,这些模型在编码、交互、损失函数等方面各有特点。

- 编码方式：分为双塔独立编码（如 BERT-based 和 Poly-Encoder）和联合编码（如 ColBERT）两大类。双塔独立编码先分别对查询和文档编码，然后进行交互；联合编码则将查询和文档拼接后一起输入 Transformer 模型进行编码。
- 交互方式：包括后期交互、最大残差交互、注意力交互等多种机制。BERT-based 属于后期交互，即先将查询和文档分别进行池化，再计算相似度；ColBERT 采用最大残差交互，通过计算查询词与文档中所有词的最大残差来表示匹配度；Poly-Encoder 则使用注意力机制进行交互。
- 损失函数：主流的损失函数为负采样交叉熵，即通过最小化正负样本的交叉熵来训练模型。然而，简单的负采样方法难以全面捕捉文档之间的相对相关性。

在实际应用中，选择合适的 Transformer 模型需要根据具体的任务场景、数据规模、延迟要求等因素进行判断。灵活应用和改进这些基于 Transformer 的排序模型，是持续提升检索排序效果的重要途径。

重排序模型通过学习查询和文档的交互特征，直接预测它们的相关性，为我们提供了一种更加精细和智能的重排策略。但在实际应用中，往往需要同时考虑多种因素，如关键词匹配、文档质量、业务规则等，单一的重排序模型难以全面覆盖这些需求。因此，业界也广泛采用了一种更加灵活和可控的重排方法，即基于规则的重排方法。

3. 基于规则的重排方法

基于规则的重排方法通过融合多种排序策略，根据业务规则或特点对召回内容进行重排，从而提高排序结果的质量和多样性。基于规则的重排通常包括以下步骤。

(1) 根据业务规则或特点，定义多个排序策略，如基于关键词匹配度的排序、基于语义相似度的排序,以及根据重排序模型得分的排序等。

(2) 将召回的文档根据不同标准进行分组,例如可以根据关键词匹配度高低,或者根据文档的元数据(如实体、时间、类型等)进行分组。

(3) 在每个组内,根据对应的排序策略对文档进行排序。对于关键词匹配度高的文档组,可以根据重排序模型得分进行排序;而对于关键词匹配度低的文档组,根据语义相似度进行排序。

(4) 将不同组的排序结果合并,得到最终的排序结果。合并策略可以根据业务需求进行调整,常见的方式包括按照组的优先级依次展示,或者交替展示不同组的文档,以提高结果的多样性。

下面是一个基于规则重排的示例。假设我们有一个新闻搜索系统,对于查询"人工智能的应用",召回的文档包括以下几类。

- 标题中同时包含"人工智能"和"应用"的文档:10 篇。
- 标题中只包含"人工智能"的文档:20 篇。
- 标题中只包含"应用"的文档:30 篇。
- 内容中提到"人工智能"和"应用"的文档:40 篇。

我们可以根据以下规则对召回的文档进行重排。

- 将标题中同时包含"人工智能"和"应用"的文档分为第一组,根据重排序模型得分进行排序。
- 将标题中只包含"人工智能"或"应用"的文档分为第二组,根据语义相似度进行排序。
- 将内容中提到"人工智能"和"应用"的文档分为第三组,根据关键词在文档中的出现频率进行排序。
- 按照组的优先级依次排列,第一组取前 10 篇,第二组取前 5 篇,第三组取前 15 篇。

通过这种基于规则的重排方法，我们可以综合考虑关键词匹配度、语义相似度、重排序模型得分等多种因素，灵活调整不同排序策略的优先级和展示方式，从而得到更加准确和多样化的排序结果。然而，这种基于规则的重排方法也存在一定的局限性。例如，规则的设计通常依赖专家经验和大量调试，需要一定的时间和成本；而且规则一旦确定，可能难以适应新的数据分布或用户需求的变化，因此需要定期评估和更新。

除了上述常用的重排方法外，研究人员还提出了许多创新的重排技术，如基于图神经网络的重排序模型、基于强化学习的重排策略等。这些方法从不同角度出发，力求进一步提升重排模块的性能和适应性。

4.4.3 重排模块的选择和效果评估

在实际应用中，选择合适的重排模块至关重要。不同的重排方法在不同的场景下可能表现迥异，因此需要综合考虑任务需求、数据特点、计算资源等因素，通过对比实验来确定最佳的重排策略。

一个有效的方法是使用 LlamaIndex 的检索评估模块，它可以帮助我们快速确定最佳的向量化和重排序模型组合，从而优化 RAG 系统的性能。LlamaIndex 执行检索评估主要包括如下几个步骤。

(1) 准备数据集：将数据集划分为训练集、验证集和测试集，其中验证集用于调参和模型选择，测试集用于评估最终的性能。

(2) 定义评估指标：根据任务需求选择合适的评估指标，常用的评估指标有精确率（precision）、召回率（recall）、平均精度（average precision）、排序损失（ranking loss）等。

(3) 选择向量模型和重排序模型：测试不同模型，并通过在验证集上的表现来选择最优模型。

(4) 组合优化：将最优的向量模型和重排序模型组合，在测试集上进行评估，确定最佳的模型组合。

LlamaIndex 还提供了丰富的可视化工具，能够直观地展示不同模型和参数的表现，从而指导我们做出更明智的选择。以下示例代码展示了如何使用 LlamaIndex 的检索评估模块来快速评估模型：

```
from llama_index.core.evaluation import RetrieverEvaluator,
    EvaluationResult

# 准备数据集
train_dataset = ...
valid_dataset = ...
test_dataset = ...

# 定义评估指标
eval_metrics = [
    EvaluationResult(EvaluationMode.RANKING, RankingEvaluator.
        Average_Precision),
    EvaluationResult(EvaluationMode.RANKING, RankingEvaluator.
        Recall),
]

# 选择向量模型
embedding_models = [
    EmbeddingModel(EmbeddingType.WORD2VEC, model_path="path/to/
        word2vec"),
    EmbeddingModel(EmbeddingType.GLOVE, model_path="path/to/glove"),
    EmbeddingModel(EmbeddingType.BERT, model_path="path/to/bert"),
]

# 选择重排序模型
rerank_models = [
    RerankModel(RerankType.LAMBDAMART, model_params={"n_estimators":
        100}),
    RerankModel(RerankType.RANKNET, model_params={"hidden_layers":
        [64, 32]}),
    RerankModel(RerankType.LIGHTGBM, model_params={"n_estimators":
        200}),
]

# 初始化检索评估器
retriever_evaluator = RetrieverEvaluator(
```

```
    train_dataset=train_dataset,
    valid_dataset=valid_dataset,
    test_dataset=test_dataset,
    eval_metrics=eval_metrics,
)

# 进行评估
best_embedding, best_rerank = retriever_evaluator.evaluate(
    embedding_models=embedding_models,
    rerank_models=rerank_models,
)

print(f"Best Embedding Model: {best_embedding}")
print(f"Best Rerank Model: {best_rerank}")
```

通过这种方式，我们可以快速确定最佳的向量模型和重排序模型组合，并在测试集上验证其性能，从而为实际应用提供强有力的支持。

4.4.4 小结

重排模块是 RAG 系统的重要组成部分，它通过对初步召回的结果进行二次排序和筛选，进一步提高检索结果的相关性和质量。本节主要介绍了三种常用的重排方法：基于倒序排序融合的重排算法、直接使用重排序模型以及基于规则的重排方法。在讨论重排模块的选择和评估时，本节介绍了 LlamaIndex 的检索评估模块，该模块通过自动化评估帮助我们快速确定最优的向量化和重排序模型组合，大大提高了评估的效率和准确性。

随着语义理解和机器学习技术的不断发展，重排模块也呈现出多样化、个性化的发展趋势。展望未来，重排模块值得探索的研究方向包括以下几个方面。

❑ 知识增强重排序：如何有效利用知识图谱、规则库等结构化知识来指导和约束重排过程，提高语义匹配的准确性。我们可以考虑设计一些知识感知的重排架构，让模型能够灵活地利用外部知识，同时又不失可学习性和泛化能力。

- 跨模态的重排策略：随着多模态数据的爆炸式增长，如何结合文本、图像、视频等不同模态的信息，设计跨模态的重排策略，为用户提供更加生动、立体的搜索体验，也是一个值得关注的方向。这需要我们在语义理解、特征融合、排序学习等方面进行创新。
- 个性化动态重排：不同用户对于同一个查询可能有不同的偏好和意图，重排模块应该能够捕捉用户的个性化需求，动态调整排序策略。同时，随着用户行为和内容分布的不断变化，重排模块也要能够持续学习和优化，及时适应新的变化。这就要求我们在用户理解、在线学习、模型更新等方面加大研究力度。
- 重排过程的可解释性：作为一个面向用户的系统，搜索引擎不仅要返回高质量的结果，还要能够向用户解释为什么返回这些结果，排序的依据是什么。这就需要重排模块能够生成一些可解释的中间表示或规则，用户无须了解内部算法细节，就可以大致理解排序结果的来龙去脉。可解释性不仅有助于增强用户信任，也为系统的优化和调试提供了重要线索。

4.5 RAG 上下文压缩技术

在 RAG 系统中，上下文压缩是一个关键的优化步骤，它在将检索到的数据输入大模型之前，对数据进行适当的压缩和精炼。本节将详细探讨 RAG 上下文压缩的目的、策略以及对应的实现方法。

4.5.1 上下文压缩的目的

1. 控制输入长度

大多数大模型对输入的长度有严格限制，例如 GPT-4 的最大输入长度为 128k 个 token。然而，检索得到的数据可能较长，特别是当需要结合多段数据时，拼接后的结果很可能超出大模型的处理上限。因此需要在保留关键信息的同时，尽量压缩数据长度，以适应大模型的输入限制。

2. 提高信息密度

尽管检索到的数据与查询相关，但其中可能包含一些冗余或无关信息，降低了有效信息的密度。通过数据精炼，我们可以过滤这些无关信息，突出强调与查询密切相关的关键内容，从而提高输入数据的信息密度。这有助于大模型更准确地理解上下文，生成更高质量的输出。

3. 加快推理速度

大模型的推理速度与输入数据的长度密切相关。输入越长，推理耗时越长。在实时查询场景下，过长的输入可能导致响应时间变慢，影响用户体验。通过数据压缩，我们可以在一定程度上缓解这个问题，在保证生成质量的同时，提高系统的响应速度。

4.5.2 上下文压缩的策略

1. 长文本摘要

长文本摘要是一种常用的压缩策略。我们可以利用大模型（如 Llama 等）来自动提取文本中的关键信息并生成精简的摘要。以下是一个使用 Llama 模型生成摘要的代码示例：

```
from langchain import HuggingFacePipeline
from transformers import AutoTokenizer, AutoModelForCausalLM
import torch

# 加载 Llama 模型和分词器
model_name = "meta-llama/Llama-2-7b-chat-hf"
```

```python
tokenizer = AutoTokenizer.from_pretrained(model_name)
model = AutoModelForCausalLM.from_pretrained(model_name,
    torch_dtype=torch.float16, device_map="auto")

# 创建 HuggingFacePipeline
summarizer = HuggingFacePipeline(pipeline=model,
    task="text-generation")

def llama_summarize(text):
    input_text = f"总结以下文本：\n{text}\n总结："
    summary = summarizer(input_text, max_length=200,
        num_return_sequences=1, do_sample=True, top_k=10)
    return summary[0]['generated_text']

# 示例
text = "此处输入长文本内容……"
summary = llama_summarize(text)
print("总结：", summary)
```

通过上述方法，我们能够对长文本进行有效的压缩，在保留原文核心信息的同时控制输入大模型的文本长度，从而提升处理效率。

2. 关键词提取

关键词提取是另一种常用的上下文压缩策略。我们可以利用 TF-IDF 等算法，从文本中提取关键词或关键短语。这些关键词能够代表文本的主要内容或主题，有助于聚焦与查询密切相关的信息。以下是使用 Llama 模型提取关键词的代码示例：

```python
from langchain import HuggingFacePipeline
from transformers import AutoTokenizer, AutoModelForCausalLM
import torch

# 加载 Llama 模型和分词器
model_name = "meta-llama/Llama-2-7b-chat-hf"
tokenizer = AutoTokenizer.from_pretrained(model_name)
model = AutoModelForCausalLM.from_pretrained(model_name,
    torch_dtype=torch.float16, device_map="auto")

# 创建 HuggingFacePipeline
keyword_extractor = HuggingFacePipeline(pipeline=model,
    task="text-generation")
```

```python
def extract_keywords(text, top_n=5):
    input_text = f"从以下文本中提取关键词：\n{text}\n 关键词："
    keywords = keyword_extractor(input_text, max_length=64,
        num_return_sequences=top_n, do_sample=True, top_k=10)
    return [kw['generated_text'].strip() for kw in keywords]

# 示例
text = "此处输入文本内容……"
keywords = extract_keywords(text)
print("关键词：", keywords)
```

3. 增量式处理

并非所有场景都需要将所有检索数据一次性输入大模型。在对实时性要求较高的场景中，我们可以采用增量式处理策略，先输入一部分高度相关的精炼数据，生成初步结果；如果用户不满意，再迭代输入更多数据进行更新。这种方法可以在速度和效果之间取得平衡。以下是一个简单的增量式处理伪代码示例：

```
def incremental_process(query, retrieved_data, model):
    compressed_data = []
    for data in retrieved_data:
        compressed = compress(data) # 压缩数据
        compressed_data.append(compressed)

    for i in range(len(compressed_data)):
        input_data = query + '\n' + '\n'.join(compressed_data[:i+1])
        output = model.generate(input_data)
        if user_satisfied(output): # 用户对结果满意
            return output

    return output # 返回最终结果
```

4.5.3 小结

上下文压缩是 RAG 系统优化中的一个关键步骤。通过长文本摘要、关键词提取、增量式处理等策略，我们可以在控制输入长度的同时，最大程度保留有效信息，提升 RAG 系统的整体性能和效率。合理运用这些策略，可以帮助我们构建更加智能、高效的 RAG 系统。

4.6 总结

本章全面介绍了 RAG 系统中的数据检索模块，涵盖了从用户查询理解到最终结果排序的全过程。我们首先讨论了用户查询理解的重要性，并介绍了意图识别、槽位填充等关键技术。在检索环节，我们重点介绍了三种基础的检索范式：语义向量检索、关键词检索以及混合检索，详细分析了它们的原理、优缺点和应用场景。接下来，我们探讨了几种高级检索技术，如迭代式检索、查询改写等，这些技术可以帮助我们处理更加复杂的检索任务。在重排环节，我们系统梳理了传统的机器学习排序模型和近年来兴起的基于 Transformer 的排序模型。本章的最后，我们讨论了上下文压缩技术，介绍了长文本摘要、关键词提取等策略，它们能够在保证信息量的同时，提高检索效率。

通过本章的学习，读者不仅可以系统掌握 RAG 检索的基本原理和关键技术，还能了解该领域的最新进展和研究热点。这些内容将为读者设计、实现高效的 RAG 系统提供理论指导，同时也为进一步探索、优化 RAG 检索技术提供了思路。

第 5 章

RAG 响应生成

在获取足够的上下文信息后,大模型会利用这些信息进行内容生成。在这个生成过程中,就需要通过提示工程来控制生成内容的质量和相关性。在必要时,还需要对大模型进行监督微调,以提升 RAG 系统的生成效果。此外,对于 RAG 系统生成的内容,需要建立一定的机制来处理与安全性、伦理性相关的问题。

5.1 提示工程在 RAG 中的应用

提示工程(prompt engineering)是自然语言处理领域中一项专门研究如何设计出高质量提示(prompt)的技术。它旨在通过精心设计模型输入,引导大模型生成符合特定需求的输出。在本节中,我们将重点探讨提示工程在 RAG 中的应用。

5.1.1 提示工程基本概念介绍

在讨论提示工程在 RAG 中的应用之前,有必要先了解提示工程的一些基础概念。

1. 提示的定义和作用

提示是指提供给大模型的一段文本序列,通常包含任务指令、背景知识、输入数据等,目的是指导模型执行特定的自然语言处理任务。一个优质的提示应具备逻辑清晰、信息完备、语义准确等特点,以确保模型生成符合要求的输出。以下代码展示了一个用于问答任务的提示示例:

```
prompt = f"背景知识:{background text}\n 问题:{question text}\n 根据以上信息,请回答问题:\n 答案:"
```

2. 提示的结构和基本格式

一个标准的提示通常由以下几个基本要素构成。

- 任务指令:明确告知模型要执行的任务,例如"回答问题"。
- 背景知识:提供与任务相关的背景信息,帮助模型理解上下文,例如"根据以上信息,……"。
- 输入数据:提供具体的问题、原文等输入内容。
- 答案格式:指定期望的输出格式,例如"答案:……"。
- 其他约束:包括字数限制、生成风格等附加要求。

对于提示的格式,其实没有严格规范,根据任务需要灵活设计即可,但要确保逻辑顺畅、信息完整。

5.1.2 提示的类型与应用

随着提示工程技术的不断发展,研究者们已经开发出多种不同类型的提示方法,以下是几种常见的提示类型。

(1) 标准提示

标准提示是指直接使用自然语言指令来描述任务,让大模型根据指令进行生成。这种提示构建简单，应用范围广，是最基础和常用的提示类型。一个标准提示的示例如下：

```
prompt = f"请概括以下文章，不超过100字。\n 文章：{文章}"
```

(2) 角色提示

角色提示通过为大模型指定一个特定的角色，引导其生成相应角色风格的回复。常见的角色包括专家、医生、律师、教师、学者等。角色提示可以帮助模型更好地理解和把握回复风格，示例如下：

```
prompt = f"你是一位专业的 Python 程序员。请为下面的编程问题提供一个解决方案\n 问题：{问题}"
```

(3) 多样例提示

多样例提示通过在提示中提供多个输入-输出对的示例，引导模型学习并模仿这些示例的模式。多样例提示充分利用了大模型的少样本学习能力。以下代码通过给出不同诗歌的押韵示例，指导模型进行诗歌创作：

```
prompt = f"请根据以下示例，写一首与'{keyword}'相关的诗:\n\n 示例 1:\n 关键词：春天\n 诗句：春风拂面暖阳归，百花齐放竞芬芳。\n\n 示例 2:\n 关键词：爱情\n 诗句：众里寻他千百度，蓦然回首，那人却在，灯火阑珊处。\n\n 示例 3:\n 关键词：友情\n 诗句：海内存知己，天涯若比邻。\n\n 关键词：{keyword}\n 诗句："
```

(4) 规范化提示

规范化提示利用人工定义的规则和模板对提示进行结构化和风格统一。规范化提示可以提高提示的一致性和可解释性，方便批量自动化处理。以下是一个规范化提示的例子：

```
<prompt>
  <background>背景知识段落</background>
  <question>问题：请根据背景知识回答以下问题</question>
  <format>
    答案应包括：
    1. 关键论点
```

```
   2. 具体解释
   3. 例证或论据
  </format>
</prompt>
```

以上介绍的几种提示方式在 RAG 的不同应用场景中都有广泛的应用，可以根据任务需求灵活选择和组合。

5.1.3 RAG 中常见的高级技巧

在 RAG 任务中，除了常见的提示工程方法外，研究者们还探索并开发了一些优化提示效果的高级技巧，下面我们选取几种代表性的提示优化方法进行介绍。

1. 少样本提示

少样本提示（few-shot prompting）是一种利用少量样例来优化提示的方法，其基本思路是：先从训练集或人工标注数据中选取少量高质量的输入-输出样例对，将它作为示例嵌入提示中，引导模型进行类似的生成任务。通过样例的演示和类比，模型可以快速理解任务意图，生成与样例相似的高质量输出。少样本提示具有以下优势。

- 直观高效：样例以最直观的形式向模型展示输入与输出之间的关系，避免了繁复的任务描述和规则定义，大大降低了提示设计的难度和工作量。
- 简单经济：通常只需要几个到几十个样例即可引导模型，减少了对大量训练数据的依赖，降低了标注成本，非常适用于样本稀缺的场景。
- 灵活通用，可扩展性强：同一套样例结构可以灵活应用于不同的输入，实现提示的复用。同时，增删、替换样例也非常方便，使提示具备良好的可扩展性。

以生成文章摘要为例,一个传统的标准提示示例如下:

> 请认真阅读下面的文章,提炼出其中心内容,概括成一段150字左右的摘要:
>
> <文章内容>
>
> 摘要:

而基于少样本的提示则可以设计如下:

> 请按照以下样例的形式,为给定的文章生成摘要。
>
> 样例1:
> 文章:国际英语语言测评系统雅思17日宣布,将为广大考生推出雅思在家考试服务。该项服务计划于明年下半年在部分国家率先推出,让考生足不出户即可参加考试。
> 摘要:雅思宣布,将在明年下半年开始在部分国家推出雅思在家考试服务。考生可以在家通过该服务参加考试,无须前往考点。
>
> 样例2:
> 文章:美国知名在线教育平台 Coursera 日前宣布,即日起放宽旗下全部3200余门课程的免费审阅时限,用户可以免费学习任意课程长达180天。同时,超过1.15万门 Coursera 课程引入了开放式结业证书,付费即可获得。Coursera 联合创始人戴芙妮说,希望以此鼓励更多用户投入在线学习,提升自身技能。
> 摘要:在线教育平台 Coursera 近日宣布放宽 3200 余门课程的免费学习时限至180天,并新增1.15万门课程的开放式结业证书。Coursera 希望借此鼓励更多人在线学习,提升技能。
>
> <文章内容>
>
> 摘要:

通过基于少样本的提示优化,模型可以轻松理解和模仿样例的结构,生成格式和质量相近的摘要。当然,这种提示优化方法的关键在于选取优质且有代表性的样例,尽可能反映任务中输入与输出的关系,覆盖可能出现的各种情况。在实践中,提示样例可以从高质量的标注数据中挑选,或由领域专家进行编写,以确保样例的质量和多样性。

2. 思维链提示

思维链提示(chain-of-thought prompting)是一种引导大模型进行

逐步推理的方法。不同于直接输出问题答案，思维链提示要求模型输出问题的解决思路和推理步骤，相当于模仿人类的思考过程。以下是一个如何应用思维链提示来引导大模型逐步推理并解决问题的示例：

> 问题：一箱鸡蛋有 12 个，小明早上吃了 3 个，中午又吃了 2 个，那么还剩几个鸡蛋？请一步一步思考。
> 思考过程：
> 1. 原本有 12 个鸡蛋
> 2. 小明早上吃了 3 个，那么还剩 12-3=9 个
> 3. 小明中午又吃了 2 个，那么还剩 9-2=7 个
> 因此，还剩 7 个鸡蛋。

思维链提示可以帮助模型学习解题逻辑，提高推理能力，在数学计算、多步决策等任务中表现出色，有助于模型生成条理清晰、逻辑严谨的回复。但思维链提示也对模型的推理能力提出了更高的要求。

3. 回退提示

回退提示（step-back prompting）是一种通过引导模型进行抽象思考和基于抽象的推理来增强它应对复杂问题能力的提示方法。面对包含众多细节和约束的原始问题，模型可能难以立即检索并应用相关知识给出满意的答案。这时，不妨先退一步，提出一个更为抽象的问题，引导模型构建宏观认知框架，再基于这一框架对原问题进行推理和求解。这一过程通常包括以下两个主要步骤。

（1）抽象化：面对原始问题，模型不急于直接作答，而是后退一步，提出一个更高层次的抽象问题。通过识别问题中的关键要素，抽象出问题的本质属性或内在规律，并提出一个框架性问题，为后续的推理步骤提供方向和基础。

（2）推理：在得到抽象问题的答案后，模型再利用这一高层次认知对原问题进行推理和求解。模型通过基于抽象的推理逐步解答原始问题，这一过程也被称为基于抽象的推理（abstract-based reasoning）。

下面我们通过一个简单的例子来直观感受回退提示的工作流程。

5.1 提示工程在 RAG 中的应用

```
原始问题：张三酒后驾车，撞伤了正常通过斑马线的行人李四，李四因伤致残，请
问张三应承担什么法律责任？
Step 1：抽象化。
Q：在分析交通事故责任时，需要考虑哪些关键因素？这些因素与行为人责任有何
关联？
A：分析交通事故责任，主要考虑以下因素：
行为人是否违反交通规则，如酒驾、超速、闯红灯等；
受害人是否存在过错，如违反交通规则、突然冒失横穿马路等；
事故后果的严重程度，如是否造成人员伤亡、财产损失等。
Step 2：推理。
根据这一分析框架，我们可以推理得出：
张三酒后驾车，明显违反了禁止酒驾的交通规则，其行为违法；
饮酒后驾驶机动车，张三显然没有尽到合理注意义务，存在重大过错；
李四是正常通过斑马线的行人，不存在明显过错；
张三驾车撞伤李四致其残疾，事故后果严重。
因此，基于违规驾驶、重大过错、严重后果等因素，张三应承担刑事责任和民事赔
偿责任。
```

在以上例子中，模型没有直接回答原问题，而是先后退一步，将原问题抽象化。在回答抽象问题之后，模型梳理了解题的一般性原则和思路。在此基础上，模型再对照原问题中的具体信息，最终得出了正确答案。

回退提示的优势包括如下几点。

- 简化复杂问题：通过抽象思考，模型不受限于原问题的具体细节，把握问题的本质，从而找到简洁高效的解决路径。
- 提升推理准确性：基于抽象概念进行推理，可以帮助模型厘清复杂信息间的逻辑关系，减少推理过程中的错误和遗漏。
- 扩大模型适用性：通过归纳概括，模型学会了一种通用的问题解决范式，并可将它应用于同类问题的求解中，扩大了模型的适用范围。

在实际应用中，实现回退提示的关键是设计好抽象提示和推理提示。抽象提示应着眼于揭示问题的一般性质，提炼关键概念、原理、思路等，引导模型建立通用的认知框架。推理提示则应基于抽象认知，对照具体问题，指引模型进行逐步推演，给出条理清晰、逻辑

严密的求解过程。

5.1.4　RAG 中的提示工程实践

在掌握了提示工程的基础知识之后，我们可以进一步探讨提示工程在 RAG 中的应用案例。

(1) 基于模式的提示构建方法

在 RAG 中，我们经常需要根据任务的具体情况，设计与之匹配的提示模板，这种方法被称为基于模式（schema）的提示构建。首先定义一个通用的输入模式和输出模式，然后根据这个模式来组织提示的各个部分。例如，在一个问答任务中，我们可以定义输入模式如下：

```
背景知识：<背景文本>
问题：<问题文本>
```

并且定义输出模式为：

```
答案：<答案文本>
```

基于上述模式，我们可以构建如下的提示模板：

```
背景知识：<背景文本>
问题：<问题文本>
根据以上背景知识，请回答以下问题：
答案：
```

这样，当我们将实际的背景知识和问题填入模板中时，就可以得到一个完整的提示，用于指导 RAG 生成答案。基于模式的提示构建让我们能以统一的格式处理不同的输入数据，提高了提示构建的规范性和自动化水平。

(2) 基于答案格式的提示构建方法

与基于模式的方法类似，我们还可以根据期望的答案格式来设计相应的提示。这种方法尤其适用于对答案有明确格式要求的任务，如实体抽取、数据分析等。例如，在一个实体抽取任务中，我们期望以如下格式输出实体及其类型：

```
[实体1](类型1)，[实体2](类型2)，[实体3](类型3)，...
```

那么我们可以设计这样的提示模板：

```
请从以下文本中抽取出所有公司实体，并以[公司名](公司)的格式输出，多个实体之间用逗号分隔。
文本：<输入文本>
公司实体：
```

通过在提示中明确指定答案格式，可以有效引导模型生成格式规范的输出，减少后续处理的工作量。

(3) 提示工程的探索性案例分析

为了进一步理解提示工程在 RAG 中的实际应用，接下来我们通过一些具体的案例来分析和体会不同的提示设计方法。

1. 数据结构化

数据结构化是指将非结构化的文本数据转化为结构化的表格、JSON 等格式，便于后续的分析和应用。我们以一个简单的电商订单信息抽取为例，看看如何利用提示工程辅助 RAG 实现数据结构化。首先，我们定义期望的数据模式如下：

```
{
  "order_id": "订单号",
  "user_name": "下单用户",
  "product_list": [
    {
      "product_name": "商品名称",
      "price": "商品价格",
      "quantity": "购买数量"
    }
  ],
```

```
"total_price": "订单总金额",
"create_time": "下单时间"
}
```

然后，根据数据模式设计对应的提示模板：

```
请从以下订单信息中抽取关键字段，并以 JSON 格式输出：
订单信息：<原始订单文本>
JSON：
```

最后，我们将原始订单文本填入提示模板中，由 RAG 生成结果，得到符合期望数据模式的结构化订单数据。借助精心设计的提示，RAG 可以快速、准确地完成数据抽取和数据结构化的任务，大大提升数据处理的效率。

2. 写作辅助

写作辅助是指利用 RAG 协助人类完成文章写作，它提供文本续写、文章纠错、风格转换等功能。RAG 通过结合检索和生成的能力，能基于上下文和示例文案自动生成风格一致、符合需求的文案，从而提升写作的质量和效率。

接下来我们以广告文案生成为例，展示提示工程在 RAG 辅助写作中的应用。假设我们要为一款新上市的智能手表设计广告文案。首先需要收集一批优质的广告文案作为示例，并设计一个适用于少样本学习的提示模板，如下所示：

```
请根据以下产品信息和广告文案示例，生成一段有创意的广告文案。

产品信息：<产品名称、卖点等关键信息>

示例 1：
产品：小龙虾
文案：鲜红似火，口味独特，小龙虾大英雄，吃了忘不了！

示例 2：
产品：电动牙刷
文案：亮白齿间，溢彩自信，电动牙刷刷出好生活！
```

```
示例 3:
产品: 蛋白粉
文案: 强健肌肉, 蛋白粉营养助力, 超越自我每一天!

产品: <待生成文案的产品信息>
文案:
```

接着,我们将待生成文案的产品相关信息填入模板:

```
产品: 智能手表X1  特点: 24小时心率监测、睡眠分析、50米防水、7天续航
```

输入以上信息后,RAG 可能会生成如下文案:

```
文案: 时刻守护, 智慧相伴。X1智能手表, 用科技丈量健康, 以创新定义时尚。24
小时心率呵护, 深度睡眠洞察, 50米防水畅游, 7天续航持久。戴上X1, 开启智慧
生活新篇章!
```

3. 编程辅助

编程辅助是指利用 RAG 协助程序员进行编程工作,它提供代码补全、代码解释、bug 修复等功能。我们以 Python 代码补全任务为例,看看 RAG 如何在编程中发挥辅助作用。首先,精心挑选一些优质的代码补全示例以构建一个少样本提示,便于 RAG 学习:

```python
# 示例1: 生成斐波那契数列
def fibonacci(n):
    if n <= 0:
        return []
    elif n == 1:
        return [0]
    elif n == 2:
        return [0, 1]
    else:
        fib = [0, 1]
        for i in range(2, n):
            fib.append(fib[i-1] + fib[i-2])
        return fib

# 示例2: 判断素数
def is_prime(num):
    if num < 2:
        return False
```

```
    for i in range(2, int(num ** 0.5) + 1):
        if num % i == 0:
            return False
    return True

# 补全以下代码
def factorial(n):
```

接下来,只需输入待补全的代码片段,模型就会学习示例代码的逻辑和实现方式,并自动补全缺失的代码部分。RAG 可以根据上下文理解代码的功能和语法,适时提供编程知识,辅助程序员高效编写和调试代码。

4. 对话系统构建

对话系统是实现用户与 AI 模型之间多轮交互的系统,旨在帮助用户获取所需信息或完成特定任务。利用 RAG 构建对话系统,可以增强对话的连贯性和准确性。我们以一个餐厅预订的对话系统为例,看看如何构建一个简单的 RAG 对话系统。首先需要定义对话系统的任务目标和知识库,并设计对话流程和提示模板。示例如下:

```
任务目标:帮助用户预订餐厅

知识库:
- 餐厅列表和详细信息(菜系、地址、营业时间等)
- 预订流程和规则(人数上限、预付款、取消政策等)

对话流程:
1. 打招呼,询问用户需求
2. 提供匹配的餐厅推荐,询问用户偏好
3. 确认预订信息(日期、时间、人数等)
4. 告知预订结果和注意事项

提示模板:
餐厅预订助理:您好,我是餐厅预订助理,很高兴为您服务。请问您想预订哪家餐厅呢?
用户:我想预订一家[菜系]餐厅,[日期][时间],共[人数]人用餐。
餐厅预订助理:<基于用户需求从知识库中检索适合的餐厅并回复,提供3-5个选项供用户选择>
用户:<选择心仪的餐厅>
```

> 餐厅预订助理:好的,您选择的是[餐厅名],位于[餐厅地址]。[营业时间]。请确认您的预订信息:
> - 日期:[日期]
> - 时间:[时间]
> - 人数:[人数]人
> - 备注:[备注]
> 用户:<确认预订信息或修改>
> 餐厅预订助理:<调用预订接口,返回预订结果>
> [预订成功]:您已成功预订[餐厅名],[日期][时间],[人数]人,订单号为:[订单号],请凭订单号入店就餐。如有变动请提前1天通知商家,感谢您的光临!
> [预订失败]:抱歉,您选择的[日期][时间]已经订满,无法完成预订。您可以更改预订时间,或选择其他餐厅。

最后,我们根据提示模板搭建对话流程,引入餐厅知识库,配置外部调用接口,即可实现一个简单的餐厅预订对话系统。RAG 可以利用检索到的餐厅信息,结合对话上下文理解用户意图,生成连贯、自然的对话回复,有效引导用户完成预订任务。

通过对上述案例的分析可以看出,针对不同类型的任务,采用不同的提示工程策略,可以显著提升 RAG 的生成质量和效率。一个优秀的提示不仅能准确表达任务目标,还能为模型提供丰富的背景信息和生成指导,它是实现 RAG 落地应用的关键一环。

5.1.5 提示的优化策略

在本节中,我们将介绍几种在 RAG 实践中总结出的提示优化高级技巧,希望能为读者提供更多的参考和启发。

(1) 知识筛选与管理

RAG 的一个关键特性在于它能够充分利用检索得到的背景知识,然而在实际应用中,并非所有检索到的知识都是高质量和可靠的。有些知识可能存在错误、冗余或与问题不相关,从而误导模型生成。因此,在构建提示时,我们还需要对知识进行筛选和优化。

一种有效的技巧是构建知识图谱或知识库,对知识进行结构化组织和管理。在提示中引入知识时，优先选取知识库中置信度高、关联度强的知识。同时，我们还可以利用知识蒸馏、数据增强等技术，从现有知识中归纳、衍生出新的知识，进一步扩充和优化知识库。对知识进行系统管理和持续优化，能够为 RAG 提供更高质量的背景支持，提升生成内容的可靠性和丰富性。

(2) 自洽性与因果性的提升

自洽性和因果性是评估生成内容质量的两个重要指标。自洽性指生成内容在逻辑和事实层面的一致性，因果性指结论和论据之间的合理因果关系。然而，现有 RAG 系统在这两个方面表现欠佳，时常会产生自相矛盾或因果错乱的生成结果。

为了提高 RAG 生成内容的自洽性和因果性，我们可以在提示中融入一些相关的引导和规划。例如，可以在提示中对模型作出以下要求：

- 检查生成内容是否存在逻辑矛盾或事实错误，如果存在则进行纠正；
- 明确展示生成内容的因果逻辑链条，确保结论与论据之间的因果关系合理；
- 在生成过程中对关键论点进行复述和强化，以保证内容的一致性。

通过在提示中强调自洽性和因果性，可以引导 RAG 生成更符合人类逻辑和因果推理的内容。

(3) 动态调整提示

在开放域对话等需要多轮交互的 RAG 应用中，重要的上下文信息往往蕴含在用户的反馈和交互历史中，这些信息会直接影响后续的生成内容。因此，我们需要根据交互进程，动态调整每一轮的提示，以保持上下文的连贯性。以下介绍一些有效的策略：

- 在提示中融入前几轮交互的关键信息，明确当前所处的对话状态和上下文；
- 根据用户的反馈和提问，动态选择合适的背景知识并将其引入提示中；
- 对之前几轮生成的内容进行总结和复述，作为后续生成的提示前缀。

5.1.6 小结

在本节中，我们详细介绍了提示工程在 RAG 中的应用。提示的设计与优化是决定 RAG 生成质量与效果的关键因素之一。我们首先介绍了提示工程的基本概念和几种常见的提示类型。随后，我们总结了几种在 RAG 中常用的提示高级技巧，如少样本提示、思维链提示和回退提示的优化方法。最后，我们还分享了一些在实践中总结出的提示优化策略，包括知识筛选与管理、自洽性与因果性的提升、动态调整提示等。

5.2 RAG 中的监督微调技术

监督微调（supervised fine-tuning，SFT）是大模型优化中的一种常用技术，它通过针对特定任务调整预训练模型的参数，使模型能够更好地适应任务需求。在 RAG 中，监督微调技术主要应用于对检索模块和生成模块的优化，以提升从检索到生成这一整个流程的质量。本节将深入探讨 RAG 中监督微调的动机、方法和实践。

5.2.1 监督微调的必要性和应用价值

尽管 RAG 通过引入检索机制，在一定程度上缓解了大模型在知识获取和泛化能力等方面的局限，但在实践中仍然面临着几项亟待解决的问题。首先，RAG 的检索模块和生成模块通常是独立训练的，缺乏有效的协同和适配，导致检索结果可能不完全符合生成任务的需求，影响最终的生成质量。其次，大多数 RAG 模型在通用语料上预训练而成，其知识结构和应用场景可能与具体的下游任务存在差距，直接应用可能无法发挥其最佳效果。最后，RAG 主要依赖开放域语料进行知识检索，但对于许多垂直领域的任务，开放域知识往往覆盖不足，且可能包含噪声和错误信息，进而影响任务性能。

为了解决上述问题，研究者们将监督微调技术引入 RAG 系统。通过在特定任务数据集上对模型进行端到端微调，监督微调技术能够同时优化检索模块和生成模块，从而更好地发挥它们之间的协同作用。例如，微调后的检索模块能够为生成任务检索到更相关、更有用的信息，而生成模块则可以更好地利用这些信息。此外，在特定领域或任务的数据集上进行进一步预训练，有助于模型学习到与下游任务更相关的知识和表达方式，生成更符合特定领域风格和要求的内容。通过在这些领域的数据集上进行微调，模型还可以更好地利用专业知识，减少对开放域知识的依赖。同时，监督微调还提升了模型的适应性，使同一基础模型可以灵活适应不同的应用场景，大大提高了模型的泛化能力。

5.2.2 面向检索结果的 RAG 微调

在 RAG 中，进行监督微调的核心在于如何针对检索结果对 RAG 模型进行微调。与传统的大模型微调不同，针对 RAG 的模型微调需要考虑如何有效利用检索得到的背景知识，确保模型学习并生成符合需求的内容。这里我们重点介绍三种面向检索结果的 RAG 微调方法。

1. 基于采样的动态样本选择

传统的大模型微调通常采用随机采样或者启发式采样来选择训练样本。但在针对 RAG 的模型微调中,我们需要根据检索结果的质量来评估样本对模型训练的价值。那些与检索结果匹配度高、信息丰富的样本,对模型训练的指导意义更大,应当优先选择。为此,RAG 的监督微调引入了基于负责的采样策略。所谓"负责"是指一个样本对模型生成目标的贡献程度。我们可以采用常用的度量指标,例如余弦相似度、ROUGE 指标和 BERTScore 等来评估样本的检索结果与生成目标之间的相关性,得分越高表示样本对模型训练的价值越大。

在训练过程中,我们根据度量指标计算每个样本的得分,然后按照一定的策略(如 top-k 选择、加权采样等)选择得分高的样本构建新的训练集,从而帮助模型集中学习有价值的样本,提升训练效率和效果。这种基于负责度量的动态采样方式为 RAG 的监督微调提供了精准的数据支持。

2. 引入检索结果进行数据增强

数据增强是一种在低资源学习中常用的方法,通过引入额外的数据来扩充原有训练集,提高模型的稳健性和泛化能力。在 RAG 的监督微调中,我们可以利用从开放域语料中检索到的背景知识,对原有训练样本进行数据增强。

对于每个训练样本,我们先利用 RAG 的检索模块从知识库中检索出与其相关的 top-k 个背景知识片段。然后,将这些检索结果与原有样本进行拼接,构建新的"增强"样本。这些增强样本不仅包含了原本的输入和输出,还融合了相关的背景信息,可以帮助大模型学习如何利用知识进行生成。

举个简单的例子，假设我们要对这样一个问答样本进行增强："问题：贝多芬是哪个时期的作曲家？答案：欧洲古典主义时期。"通过检索，我们获得了如下背景知识：

> 贝多芬 (1770 年 12 月 16 日–1827 年 3 月 26 日)，德国作曲家，维也纳古典乐派代表人物之一。
> 贝多芬的创作集中在器乐领域，尤以交响曲最负盛名，他的九部交响曲都各具风格，气势宏伟，富于变化。

将这些知识片段与原问答样本拼接，就可以得到增强后的问答样本：

> "问题：贝多芬是哪个时期的作曲家？知识：贝多芬 (1770 年 12 月 16 日–1827 年 3 月 26 日)，德国作曲家，维也纳古典乐派代表人物之一。贝多芬的创作集中在器乐领域，尤以交响曲最负盛名，他的九部交响曲都各具风格，气势宏伟，富于变化。答案：维也纳古典主义时期。"

可以看出，增强后的样本不仅包含了原始问题和答案，还融入了与问题高度相关的背景知识，这些额外的知识不仅有助于模型推理出正确答案，还能引导其生成更加翔实和丰富的答案。这些增强后的样本加入训练集后，有助于提升 RAG 在知识密集型任务上的表现。

3. 样本格式和损失函数设计

在监督微调过程中，模型的训练样本通常由原始输入、检索结果和目标输出三个部分组成。因此，我们需要设计合适的样本格式，让大模型能够清晰地区分和利用不同部分的信息。一种常见的做法是采用"输入-知识-输出"的序列格式，示例如下：

```
Input: <原始输入>
Knowledge:
<检索结果 1>
<检索结果 2>
...
<检索结果 N>
Output: <目标输出>
```

这种格式通过显式标识字段，例如 Input、Knowledge 和 Output，引导模型整合原始输入和检索结果，并基于已有知识生成恰当的输出。也可以使用其他自定义的符号（如"###输入"）作为标识字段。

正如我们在第 4 章所提到的，损失函数是机器学习中评估模型预测结果与真实结果差异的重要工具。它量化了模型输出与目标值之间的不一致程度，为模型提供了优化的方向。在设计损失函数时，除了已介绍的交叉熵损失外，还可以引入辅助损失和正则项来进一步提升模型性能。以下是几种损失函数的变体，它们在特定场景下特别有用。

- 知识选择损失：这种辅助损失旨在鼓励模型从检索结果中选择与原始输入和目标输出最相关的信息。实现这一目标的方法包括排序学习中的排序损失和对比学习中的 InfoNCE 损失等方法。这些方法有助于模型在面对大量信息时，能够识别并优先处理最关键的数据。
- 知识融合损失：这一辅助损失促使大模型恰当地整合原始输入和检索知识。在生成摘要任务中，覆盖损失（coverage loss）是知识融合损失的一个具体实例。覆盖损失确保模型在生成输出时不会过度依赖信息的某一部分，并确保输入信息被充分利用。通过鼓励模型关注那些在生成过程中尚未被充分利用的输入信息，覆盖损失有助于减少重复，并提高生成内容的全面性。

此外，我们还可以在微调过程中采用一些动态调整策略，比如课程学习（curriculum learning）策略，即先从简单、知识匹配度高的样本学起，然后逐渐过渡到更复杂、知识覆盖较少的样本。这种递进式的学习策略有助于提高模型的收敛速度，并优化最终的训练效果。

接下来，我们通过一个例子说明如何在实际开发中综合应用以上策略。假设我们正在为一个医疗问答系统开发 RAG 系统，目标是让模型能够准确回答各种医疗相关问题，同时确保答案的可靠性和全面性。具体实现步骤如下。

(1) 准备数据：收集大量医疗问答对，包括问题、相关的医学文献片段和标准答案等，确保模型有足够的领域知识作为参考。

(2) 准备初始模型：使用 Qwen2-72B 等大模型进行预训练，利用其已有知识结构作为模型微调的基础。

(3) 设计损失函数：使用交叉熵损失作为生成答案的主要损失函数，衡量模型生成结果与标准答案的接近程度，同时引入 InfoNCE 损失来优化检索模块，确保优先检索到与问题高度相关的医学文献，并采用覆盖损失函数，确保模型在生成答案时充分利用检索到的医学知识，避免信息片面或重复。

(4) 分阶段微调：首先，模型接受单一疾病或症状明确的简单问题样本训练；接着，提高问题难度，引入多症状或需要鉴别诊断的问题样本；最后，加入罕见病例以及需要综合分析的复杂医疗问题，进一步增强模型的泛化和推理能力。

(5) 动态调整：随着训练的深入，应逐步提高知识融合损失的权重。在后期阶段，增加检索难度，要求模型从更大的文献库中检索相关信息。

(6) 评估与优化：定期评估模型在医疗问答准确性、知识覆盖度、答案连贯性等方面的表现，并根据结果动态调整各个损失函数的权重，以持续优化生成效果。

通过这种方式，RAG 可以逐步掌握高效检索、全面利用知识和生成准确答案的能力。

5.2.3 面向下游任务的 RAG 微调

在探讨如何利用检索知识对 RAG 模型进行微调后，我们还需要考虑如何根据下游任务来优化模型的生成能力，使模型能够满足任务的特定要求，输出符合任务期望的结果。这里我们重点介绍两种面向下游任务的 RAG 模型微调方法。

1. 多任务微调和任务增量学习

在现实应用中，RAG 模型往往需要同时应对多个不同类型的任务，如对话、问答、摘要和写作等。为了提高监督微调的通用性和稳健性，可以采用多任务学习范式，对大模型进行联合微调。具体来说，我们会将不同任务的微调数据集进行合并，训练一个统一的 RAG 模型。同时，在训练过程中，通过添加任务标识和任务专属的提示，让模型学会区分和处理不同类型的任务。多任务联合微调可以促进不同任务之间的知识迁移和泛化，提高模型的通用表示和生成能力。

另一种提高模型适应性的方法是任务增量学习。这一方法适用于需要 RAG 模型连续处理一系列新任务的情况。任务增量学习的目的是让模型在快速适应新任务的同时，不遗忘之前学习到的知识。这可以通过以下的策略实现。

- 渐进式微调：在微调新任务时，同时监控并保持模型在旧任务上的性能，避免灾难性遗忘。
- 记忆回放：利用旧任务的样本构建记忆库，在训练新任务时定期回放旧样本，巩固旧知识。
- 参数隔离：为新任务开辟独立的参数空间，避免与旧任务的参数互相干扰。
- 弹性权重：在微调新任务时，通过引入正则项控制模型参数偏离原始值的程度，在适应新任务的同时保留旧任务知识。

通过多任务微调和任务增量学习，RAG 可以不断扩大其适用范围，灵活应对各种实际应用场景。

2. 参数高效微调技术

尽管微调是提升 RAG 模型任务适应能力的有效手段，但完整微调一个大模型通常需要巨大的计算资源和很长的训练时间，在实践中难以频繁进行。为了提高微调过程的参数效率，研究者提出了一系列参数高效微调技术，这里重点介绍以下几种。

- 适配器微调（adapter tuning）：适配器是一种轻量级、可训练的模块，可插入预训练模型中使用。在微调阶段，冻结预训练模型的大部分参数，只更新适配器模块的参数。适配器模块的参数量远少于完整模型，可以大大减少微调的资源开销。此外，通过在不同任务间共享同一个主干网络，适配器还能促进跨任务知识的迁移和复用。
- 前缀微调（prefix tuning）：与适配器微调类似，前缀微调也是通过向预训练模型中添加额外的可训练参数来适应下游任务。不同之处在于，前缀微调是指在输入序列之前添加一个连续向量，称为前缀嵌入（prefix embedding）向量。这一向量的作用是调整预训练模型的注意力机制，引导其执行特定的任务。在微调阶段，只更新前缀嵌入向量的参数，模型其余部分的参数则保持不变。这种方法只需要优化少量参数，而且前缀嵌入向量本身可以看作一种任务向量，起到软提示（soft prompt）的作用。
- LoRA 微调：LoRA（low-rank adaptation）通过在预训练模型的注意力矩阵中添加低秩分解矩阵来实现高效的参数更新。这些新添加的低秩矩阵参数在微调中被更新，而模型的其他参数保持不变。LoRA 的核心思想是使用一个低秩矩阵来近似下游任务需要的参数更新，从而在显著降低参数开销的同时，最大限度地保留预训练模型原有的通用知识。LoRA 在多个自然语言处理任务上取得了与全量微调相媲美的性能，且只需要不到 1% 的训练参数量。

通过这些参数的高效微调技术，RAG 模型能够在资源有限的情况下快速适应新任务，并在一定程度上缓解灾难性遗忘问题，保持较高的性能。

5.2.4　小结

在本节中，我们重点探讨了 RAG 模型中监督微调技术的多个方面。监督微调通过在下游任务数据上端对端地微调 RAG 模型，显著提高了 RAG 模型对特定任务的适配性和性能。我们首先指出了 RAG 模型在检索与生成模块割裂、预训练与下游任务脱节等方面存在的挑战，而监督微调可以通过联合优化检索与生成模块来缓解这些问题。接着，我们系统介绍了面向检索结果和面向下游任务的两类监督微调技术，前者侧重于利用检索知识对大模型进行微调，后者侧重于提升大模型在下游任务上的生成效果。

5.3　其他 RAG 技术的探索

除了提示工程与监督微调技术外，研究者们还从其他不同的角度对 RAG 展开探索，以不断扩展和改进 RAG 的性能。我们将重点关注以下几个方面：大模型的选择与优化、解码策略与调优、外部知识融合以及多模态扩展。

5.3.1　大模型的选择与优化

作为 RAG 的核心组件，大模型的选择和优化对其生成效果至关重要。在本节中，我们将讨论大模型规模、训练范式等因素对 RAG 性能的影响，以及一些大模型优化技术在 RAG 中的应用。

1. 大模型规模与生成效果的关系

大模型的规模（如参数量、层数）是影响其性能的重要因素。一般来说，规模越大的大模型所包含的知识越丰富，生成的文本也越流畅自然。为了研究大模型规模与 RAG 生成效果的关系，研究者在不同规模的大模型上进行了系统实验。

实验发现，随着大模型规模的增大，RAG 在开放域问答、对话等任务上的性能也随之提升。这表明，扩大大模型规模可以增强 RAG 的语言理解和生成能力。然而，性能提升存在"边际效用递减"现象，即在超过一定规模后，继续增大规模所带来的性能提升将变得有限。同时，大模型规模的增大也带来了更高的计算开销和部署难度。因此，在实际应用中需要权衡模型性能和资源成本，选择一个合适的大模型。

2. 大模型并行化和推理加速

在 RAG 中，大模型的推理和生成过程是串行的，因此推理速度往往成为 RAG 应用中的性能瓶颈。为了提高推理效率，业界推出了多种加速方法。

模型并行是一种常用的加速方法。它通过将大模型的不同部分（如 Transformer 的不同层）分布到多个设备上，实现并行计算。在 RAG 系统中，可以通过将检索模块和生成模块分别部署在不同的 GPU 上，实现检索和生成的流水线并行，从而显著提升生成效率。以下代码展示了如何借助 vLLM 框架来启动并行推理，从而加速生成过程：

```
python -m vllm.entrypoints.openai.api_server --model Qwen2-72B-Instruct --tensor-parallel-size 4 --gpu-memory-utilization 0.8
```

知识蒸馏技术是另一种常用的加速方法，其核心思想是使用一个大规模的教师模型（已经训练好的、性能强大的模型）去指导一个小规模的学生模型（参数量更小，目标是学习教师模型的行为）。通过这种方式，学生模型可在参数量减少的同时，尽可能保持与教师模型相近的性能。我们可以先用大模型构建一个强大的 RAG 教师模型，然后通过蒸馏过程训练一个小型的 RAG 学生模型。在实际推理中，学生模型能够在显著降低计算开销的同时保持较高的生成质量。

近年来，一些基于神经网络结构调整的大模型压缩方法也在实践中得到了应用。例如，Transformer 模型的低秩分解技术通过修剪冗余的注意力头和优化前馈网络结构，在减少模型参数量的同时保持了模型性能，提高推理速度。

5.3.2 RAG 中的解码策略

解码策略用于在 RAG 生成过程中搜索和选择最优输出序列的算法。不同的解码策略在速度、多样性、准确性等方面各有优劣。选择合适的解码策略并进行调优，对于提升 RAG 的生成质量至关重要。本节将重点介绍 RAG 中常用的两类解码策略：采样解码和搜索解码。

1. 采样解码策略

采样解码是一种非确定性的解码策略，即在生成过程中，模型根据每一步输出的概率分布，随机采样一个词作为当前生成的词。常见的采样策略包括纯随机采样、top-k 采样和核采样（nucleus sampling）。纯随机采样在每步中随机选择生成词，能够提供较高的文本多样性，但可能存在语法错误、不连贯等问题；top-k 采样则先筛选出概率最高的 k 个词，再从中随机选词，保证了生成质量和多样性之间的平衡；核采样不限制候选词数量，而是根据累积概率阈值选择词，动态调整候选集合大小，在保障质量的同时进一步提升多样性。不同采样策略在生成多样性、连贯性、计算复杂性等方面各有优势。这几种采样策略的具体描述与主要特性如表 5-1 所示。

表 5-1　不同采样策略的对比

特　性	纯随机采样	top-k 采样	核 采 样
描述	在每个步骤中，模型根据给出的概率分布，随机地选择一个词生成	在每个步骤中，模型先选取概率最高的 k 个词，然后从这 k 个词中随机选择一个词生成	选取累积概率超过某个阈值 p 的所有词，再从这些词中随机采样生成
文本多样性	高	较高	高
连贯性	较低，可能导致语法错误或文本不连贯	较高，通过限制候选词集合降低错误概率	更高，通过动态调整候选词集合提高连贯性
计算复杂性	较低	中等，需要维护一个固定大小的候选词集合	较高，需要计算并维护动态大小的候选词集合
文本质量	随机性高，质量较差	较高，通过限制候选词数量减少低概率词的干扰	更高，通过动态调整候选词集合避免低概率词的干扰
灵活性	低，难以调整候选词的范围	中等，通过调整 k 值来影响生成效果	高，通过调整阈值 p 灵活控制候选词集合的大小

2. 搜索解码策略

与采样解码不同，搜索解码是一种确定性的解码策略，旨在生成过程中搜索全局最优的输出序列。常见的搜索解码策略包括贪心搜索（greedy search）、束搜索（beam search）和最优束搜索（optimal beam search）等。贪心搜索在每一步选择概率最高的词；束搜索通过保留多个候选路径，提高了全局最优性；最优束搜索则在束搜索的基础上引入额外的评价函数，使生成内容质量更高。这几种搜索解码策略的具体描述与主要特性如表 5-2 所示。

表 5-2 搜索解码策略对比分析

特 性	贪心搜索	束 搜 索	最优束搜索
描述	每步选择概率最高的词作为当前生成词,重复该过程,直到生成完整的序列	在每个解码步骤中维护一个固定大小的候选序列,最终选择概率最高的序列作为生成结果	在束搜索的基础上引入额外的评价函数,全面评估候选序列
文本多样性	较低,生成结果较单一	较高,通过多个候选路径提升文本多样性	较高,借助评价函数进一步提升生成结果的多样性
计算复杂性	较低	较高,需要维护多个候选序列并进行剪枝	更高,需在束搜索的基础上加入额外评价函数的计算
文本质量	较低	较高,通过保留多个候选路径提高生成文本的质量	更高,通过额外评价函数进一步优化生成质量
全局优化能力	较差,容易陷入局部最优解	较好,通过束宽调整,能够在一定程度上保证全局最优	更好,通过全面评估候选序列找到全局最优解

5.3.3 融合外部知识增强 RAG 生成

尽管 RAG 通过检索模块引入了外部知识,但这种融合往往局限于针对特定问题检索得到的局部知识。为了进一步增强 RAG 在知识理解和语境分析方面的能力,我们可以尝试引入知识图谱或知识库,从而将广泛而结构化的外部知识整合到 RAG 的检索与生成流程中。图 5-1 所示为 RAG 与知识图谱相结合后各组件间的相互关系。

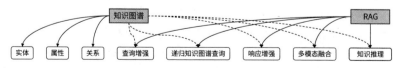

图 5-1 RAG 和知识图谱结合后各组件间的关系

在检索阶段，可以将问题中的关键词与知识库（或知识图谱）的实体和关系相匹配，检索出相关的实体、三元组或子图，作为问题的结构化知识表示。在生成阶段，将检索到的结构化知识编码为向量形式，并与问题和历史生成内容整合，共同输入 RAG 模型，引导模型结合这些知识生成答案。

例如，以一个基于知识库的问答任务为例，考虑问题"贝多芬的出生地是哪里？"的解答流程。

首先，我们将实体"贝多芬"链接到知识库中，检索得到相关三元组："(贝多芬,出生地,波恩)""(贝多芬,国籍,德国)""(贝多芬,职业,作曲家)"。将这些结构化的三元组表示为非结构化的向量表示，与问题一起输入 RAG 模型后，可获取答案："贝多芬的出生地是德国波恩。"可以看到，RAG 模型不仅准确回答了问题，还补充了额外的背景知识，使答案更加完整和丰富。这展现了融合结构化知识后，RAG 在知识理解和表达能力方面的巨大潜力。

5.3.4　RAG 的多模态扩展

随着多模态数据的爆发式增长，仅利用文本数据已经无法满足日益复杂的查询需求。为此，多模态 RAG 应运而生，它将图像、视频、语音等非文本模态融入 RAG 框架，从而实现跨模态的知识检索和答案生成。

1. 多模态数据的基本概念和种类

多模态数据，即包含两种或两种以上的信息模态集合。图文数据、视频字幕和语音转录等常见的多模态数据中蕴含了丰富的视听觉信息和语义信息，对于增强 RAG 系统的感知和理解能力具有重要意义。多模态 RAG 不仅能从更全面的信息源获取知识，扩大知识检索的范围,还能利用跨模态信息为文本信息提供重要的语义补充和纠正。例如,在电商领域中,图像可以帮助消除文本的歧义,帮助模型更准确地理解商品特征;在影视内容查询中,视频提供了场景和动作等关键细节,帮助模型识别特定场景或情节。

2. 多模态 RAG 的典型方法

多模态 RAG 的关键在于实现不同模态信息的统一表示和联合建模。学术界已经提出了多种多模态 RAG 的方法,下面重点介绍几种代表性方法。

- 多模态对齐表示:该方法旨在学习不同模态在同一语义空间中的对齐表示。例如,在图文 RAG 中,预训练的视觉-语言模型(如 CLIP2 等)可将图像和文本映射到同一向量空间,从而实现图文信息的对齐表示。在检索阶段,模型计算文本查询与图像库中每张图像的语义相似度,以筛选相关图像。在生成阶段,将文本查询和相关图像组合成多模态输入,由多模态大模型(如 DALL·E 等)生成答案。
- 多模态融合建模:该方法旨在设计专门的多模态融合模块,实现不同模态信息的深度交互。例如,在影视内容查询中,用户观看一部电影后提出与电影中某个片段相关的问题,系统会使用多模态 Transformer 编码器处理视频帧和字幕文本,通过自注意力机制结合视觉听觉信息,检索每个视听片段与查询的相关性,筛选出最相关的片段,并将查询和该视听片段组合,输入多模态解码器生成最终答案。
- 多模态增量建模:该方法旨在利用多模态信息对单模态模型进行增量式改进。例如,在语音转录中,首先利用预训练的自动语音识别(automatic speech recognition,ASR)模型将语音片段转换成文本序列,构建初步的语音转录知识库。然后利用文本 RAG 对该知识库进行检索和生成，得到初步的答案。在此基础上，将语音片段作为附加信息输入语音-文本模型（如 Whisper）中，生成与语音相关的追问或澄清，再将这些追问与初步答案组合成多轮提示，输入大模型生成最终答案。这种方法无须大幅修改原模型即可有效利用语音信息。

我们以医疗领域为例，医疗领域的 RAG 应用需要处理文本病历、医学影像和检验报告等多模态数据，同时还需要遵循严格的医疗规范和指南。下面基于 DeepSeek-R1 在医疗 RAG 方面实现多模态数据整合和临床指南对照，为医疗诊断提供全面、规范的辅助支持。

DeepSeek-R1 医疗 RAG 系统能够处理医学影像数据，将影像信息与文本病历整合分析：

```
from langchain.document_loaders import UnstructuredImageLoader
loader = UnstructuredImageLoader("ct_scan.jpg")
image_doc = loader.load()
docs = text_splitter.split_documents([image_doc])

# 医学专项模型
llm = Ollama(
    model="deepseek-r1:medical",
    mirostat_tau=5.0,
    mirostat_eta=0.1
)
```

系统能够识别常见医学影像类型（如 CT、MRI、X 光等），并结合病历信息提供初步分析。

3. 多模态 RAG 的最新研究进展

随着深度学习和多模态融合技术的不断发展，RAG 在处理文本、图像、视频等多种模态数据方面取得了显著进展。

一项值得关注的技术是 LangChain 提供的半结构化和多模态 RAG（semi-structured and multi-modal RAG）。这项技术旨在将结构化数据和非结构化多模态数据相结合，以实现更精确的信息检索和生成。传统 RAG 系统主要处理非结构化的文本数据，而半结构化和多模态 RAG 则具备处理知识图谱和关系型数据库等结构化数据的能力。通过将结构化数据的逻辑性和非结构化多模态数据的丰富性相结合，该模型能够更好地理解查询意图，并从多种异构数据源中检索相关信息，生成更加全面和准确的响应。

此外，Jina AI 推出的 Jina CLIP v1 模型是对 OpenAI 原始 CLIP 模型的扩展。原始 CLIP 模型主要用于处理文本-图像的检索任务，而 Jina CLIP v1 增加了文本-文本、图像-图像的检索功能，实现了四种搜索方向的全覆盖。Jina CLIP v1 采用 Jina BERT v2 作为文本编码器，结合 EVA-02 图像编码器，支持长达 8k 的输入长度，显著提升了模型在处理跨模态、纯文本和纯图像检索任务中的性能。该模型还采用了三阶段训练流程，进一步增强了对长文本的理解和处理能力。Jina CLIP v1 的推出代表了多模态向量检索技术的重要进步，为构建高效、精准的多模态搜索引擎提供了新的思路。

阿里云的 DashVector 和 ModelScope 则展示了如何通过将向量检索服务与多模态检索模型结合，构建实时的"文本搜图片"功能。DashVector 提供了向量存储、索引和查询支持，而 ModelScope 平台则集成了大量预训练模型，两者的结合实现了在实时检索场景中高效处理多模态查询。

多模态 RAG 的这些研究进展，为智能信息检索和生成开辟了新的方向。随着多模态大模型的不断涌现和算力算法的提升，多模态 RAG 的应用将更加广泛，尤其是在搜索引擎、智能问答、创意生成等领域，有望为用户带来更加智能化的人机交互体验。接下来，我们将分别介绍 RAG 在图像和语音处理中的典型应用场景与技术实现。

(1) 视觉信息在 RAG 多模态生成中的应用

在许多场景中,单独的文本难以表达完整内容,图像等视觉信息便能起到必要的补充作用。因此,研究者提出将图像引入 RAG 框架,构建图文融合的多模态生成系统。RAG 系统中的多模态检索与生成的流程如图 5-2 所示,具体实现可分为以下两步。

第一步是基于跨模态检索构建图文语料库。通过处理大规模图文对(如图文新闻、社交媒体帖子等),提取图像和文本中的关键信息,构建跨模态的检索索引。预训练的视觉模型(如 CNN、ViT)用于提取图像特征,大模型(如 GPT)则用于提取文本特征,并将这些图像特征和文本特征组合成多模态嵌入向量,作为检索的标识符。

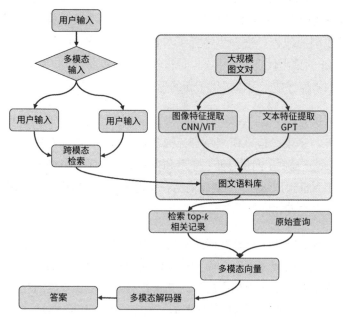

图 5-2　RAG 系统中多模态检索与生成的流程

第二步是扩展 RAG 的检索器和解码器，以适应多模态输入。在检索阶段，用户查询不再局限于纯文本信息，还可以包括图像信息。针对用户查询中的图像和文本，分别计算其与图文语料库中图文对的相似度，相加得到综合相似度，并选取 top-k 个相关记录作为知识片段。在生成阶段，将图像编码为多模态向量，与原始查询和知识片段一起输入多模态解码器，解码器通过注意力机制融合多模态信息，生成结合图文内容的回答。

例如，在一个图文问答任务中，给定一张名人照片和一个问题："此人是谁？"图文 RAG 首先从图文语料库中检索出与照片相似的图文记录，获取该人物的身份信息，并生成包含姓名、身份与代表作的详细回答，如"此人是 xx，是一位 xx，代表作有 xx"。图文 RAG 通过将视觉信息纳入知识检索和内容生成环节，扩展了 RAG 的知识来源，使它更具表达能力和适应性。

(2) 语音信息在 RAG 多模态生成中的应用

除了图像之外，语音也是信息传播的重要媒介。在客服、教育、娱乐等许多场景中，人们期待 AI 系统能够"听懂"语音提问并通过语音给出回答。为了满足这一需求，开发人员们开始探索将语音信息整合到 RAG 中，构建语音驱动的问答和对话系统，实现语音端到端的知识检索与生成。首先，通过自动语音识别技术将语音转化为文本。然后，系统从知识库中检索与该问题文本相关的背景知识片段，再将问题文本及知识片段输入大模型生成回答。最后，通过文本到语音（text to speech，TTS）技术将回答转化为语音输出。RAG 系统中的语音输入与知识检索生成的流程如图 5-3 所示。

这种语音 RAG 系统的优势在于将知识检索与内容生成引入传统的语音对话流程，使系统生成信息量更大、与问题更相关的回答。例如，在一个基于语音的导购助手中，当用户输入"给我推荐一款适合户外运动的耳机"时,语音 RAG 首先将用户的语音转化为文本,然后从商品知识库中检索与"运动耳机"相关的知识片段,如"运动耳机需要具备防水、防汗、稳固贴合的特点"等。接着将问题文本和知识片段输入预训练的大模型,生成回答文本并通过语音输出:"我为您推荐 XX 耳机,它采用了 IPX5 级防水设计,防汗防水;同时配备了柔软的硅胶耳塞和耳挂,佩戴稳固不易掉落,非常适合户外运动使用。"生成的回答不仅推荐了产品,还补充了运动耳机应具备的特点,使回答更加有说服力。

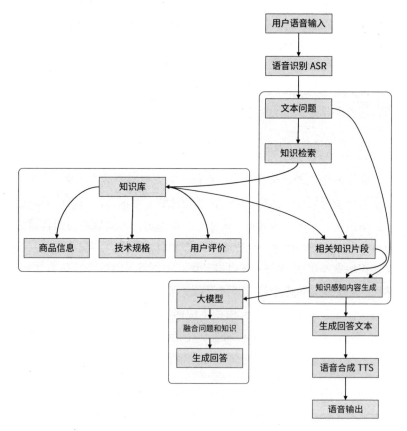

图 5-3　RAG 系统中的语音输入与知识检索生成的流程

5.3.5 RAG 的主动问答与交互能力

早期的 RAG 系统采用"被动式"的问答模式，即只能根据用户提供的问题生成答案，缺乏主动提问和多轮交互的能力。这种局限性使得 RAG 难以应对需要主动引导和连续交互的复杂任务，如信息填充、诊断推理等。为了克服这一限制，研究者开始探索赋予 RAG 主动问答和交互能力的方法。

主动问答（active question answering）方法的引入，赋予了 RAG 一种新的交互能力：不再是被动地回答问题，而是能够主动向用户提问，引导用户澄清需求、提供更多线索，直至模型获得足够的信息以给出满意的答案。这一过程可以形式化为一个由 RAG 主导的多轮问答对话。首先，用户提出初始问题，启动一轮回答；如果 RAG 认为当前信息不足以生成确定的答案，将主动向用户提出澄清性问题；用户回答澄清性问题并提供补充信息，RAG 将它作为新的背景知识，更新问题表示和检索结果。这一过程在 RAG 获得足够信息以生成最终答案之前循环进行。

举个例子，用户提问："贝多芬的代表作有哪些？"RAG 系统仅凭这一问题难以列举具体的作品，于是主动提问："您想了解贝多芬的哪个创作时期的代表作？早期、中期还是晚期？"用户回答："中期吧，贝多芬的巅峰期创作的代表作。"得到这一补充信息后，RAG 会将检索范围缩小到贝多芬的中期创作，最终回答："贝多芬中期的代表作主要有第三、第五、第六交响曲，《月光》《悲怆》《热情》钢琴奏鸣曲等。"可以看到，通过主动提问，RAG 引导用户明确信息需求，并据此调整检索策略，生成更加准确、满意的答案。

为了实现主动问答，RAG 需要具备两个关键能力：判断是否需要提问与生成合适的问题。判断是否需要提问的能力可以通过学习一个问题判断模型来增强，模型会根据当前问题、检索结果以及候选答案的置信度，判断是否需要进一步提问。如果需要进一步提问，问题生成模型就会利用当前问题、检索结果、答案缺失的属性等信息生成澄清性问题。问题判断模型和问题生成模型可以先在大规模含噪声的数据集上进行预训练，再在对话数据上进行微调。主动问答的流程如图 5-4 所示。

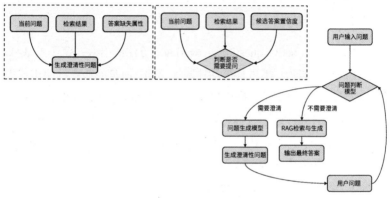

图 5-4 RAG 主动问答的流程

在主动问答的基础上，RAG 还可以通过多轮问答实现更加连贯、友好的交互。虽然 RAG 技术在处理复杂查询时具备上下文感知能力，但在早期实现时，它仍然无法有效处理跨轮次的指代消解、上下文关联等问题。指代消解是自然语言处理中的一项技术任务，旨在识别和链接文本中不同词汇或短语所指代的同一实体。例如，在"张三去了商店。他买了一个苹果"中，"他"指代的是"张三"。多轮交互型 RAG 的目标正是进一步增强这一能力，实现更流畅的连续对话。多轮问答的主要思路是在检索和生成阶段引入对话历史表示机制，以下是两种常见的对话历史表示方法。

(1) 基于滑动窗口的对话历史表示。设置一个固定长度（如 K 轮）的对话历史窗口，将最近 K 轮的问答对按照时间顺序拼接成对话历史表示。在检索阶段将它与当前问题一起输入，检索与整个对话相关的背景信息；在生成阶段将它与问题、检索结果一起输入，生成回答当前问题、呼应对话历史的答案。

(2) 基于显式状态记忆的对话历史表示。设计一个显式的对话状态记忆模块，用向量或图结构动态地存储对话历史中的关键信息，并随着对话进程不断更新。将状态记忆等效为检索的知识库或者生成的附加条件，引入检索和生成过程中。通过显式地建模对话状态，可以更好地捕捉和利用长距离的上下文信息。

下面我们通过一个应用案例来直观感受多轮交互型 RAG 的效果。假设有一个基于 RAG 的旅游问答系统，用户和系统进行了以下对话：

> 第一轮：
> 用户：上海有哪些著名的旅游景点？
> RAG：上海著名的旅游景点有外滩、豫园、南京路、东方明珠塔、上海迪士尼乐园等。
> 第二轮：
> 用户：这些景点中，你最推荐哪个？
> RAG：(利用第一轮问答对"上海""旅游""景点"的提及作为上下文)我最推荐外滩。外滩是上海的标志性景观，汇聚了 52 幢风格迥异的古典复兴建筑，被誉为"万国建筑博览群"。漫步外滩，欣赏两岸美景，感受海派文化的魅力，是来上海旅游的必体验项目。
> 第三轮：
> 用户：外滩有什么著名的建筑？
> RAG：(利用前两轮对"外滩""建筑"的提及作为上下文)外滩上最著名的建筑当属海关大楼、汇丰银行大楼、和平饭店等。海关大楼是外滩的地标建筑，古典风格，顶层设有鼎鼎星时间信号灯。汇丰银行大楼融合了古希腊和古罗马建筑元素，气势恢宏。和平饭店北楼曾是"远东第一楼"，极具历史韵味。不妨到外滩实地探访这些名楼，感受百年外滩的风采。

可以看到，RAG 能够灵活地应对对话焦点的转移，及时调整检索策略，从列举景点名录到介绍景点特色，再深入到建筑细节，逐步丰富话题，为用户提供了贴心的交互体验。

5.4　RAG 的安全性与伦理性思考

随着 RAG 技术的快速发展和广泛应用，它在优化人机交互性能、促进知识普及方面发挥了重要的作用。然而，这一技术的强人生成能力也引发了相关安全性和伦理性问题的风险。为此，学术界和产业界提出了多种应对策略，以规范和优化 RAG 的应用。本节将重点探讨这些安全隐患及其应对方案。

图 5-5 所示为 RAG 系统在实际应用中可能面临的安全和伦理问题，以及针对这些问题的处理策略。RAG 技术在知识获取和语言生成方面的灵活性和风格多样性，使模型具备强大的内容生成能力。但这种能力也可能被误导或恶意操纵，产生以下几类安全隐患。

(1) 错误信息的传播。RAG 可能会从包含错误、谣言、伪科学等不实信息的知识源中检索并生成内容，误导用户。

(2) 偏见与歧视。大模型是从大规模语料中学习语言知识的，这些语料中可能存在社会偏见和歧视（如性别歧视或种族歧视等）。RAG 可能无意放大这些偏见，生成带有歧视性的言论，加剧社会偏见。美国普林斯顿大学的研究者曾发现，常用的 GloVe 词向量模型存在明显的性别偏见。例如，在处理与性别相关的词汇时，模型在语义空间中将男性与职业角色联系得更紧密，而将女性与家庭角色联系得更紧密，相关公式如下：

$$\overrightarrow{\text{man}} - \overrightarrow{\text{woman}} \approx \overrightarrow{\text{programmer}} - \overrightarrow{\text{homemaker}}$$

(3) 不适当内容的生成。语料中还可能存在暴力、色情、毒品、犯罪等有害内容。RAG 无法完全识别和过滤这些内容，可能在特定询问下生成相关描述，对未成年人等特殊群体造成伤害。

(4) 极端言论的生成。恶意方可能通过操纵输入，引导 RAG 生成极端或煽动言论，这些言论往往掩藏于正常对话中，增加了监控难度。

(5) 欺骗与操纵风险。由于 RAG 生成的文本通常连贯、专业且极为人性化，用户可能过度信任，忽视其机器属性，被误导做出错误判断和决策。攻击者甚至可能利用 RAG 伪造身份，从事诈骗、操纵等犯罪活动。

5.4 RAG 的安全性与伦理性思考

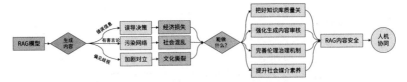

图 5-5　RAG 系统可能面临的问题与相应处理策略

针对以上安全隐患，学术界和产业界提出了一系列应对方案，主要包括以下几个方面。

(1) 知识库筛选与更新。定期清理 RAG 知识库，剔除错误、过时或有害信息。建立知识可信度评估机制，优先从可信源获取知识，并开发知识更新机制，及时吸收新知识，确保知识库内容与时俱进。

(2) 语料与模型去偏。在语料预处理阶段，应用文本过滤、情感分析等技术，识别并去除语料中的偏见、歧视性表述。在 RAG 训练阶段，引入无偏见学习目标，惩罚模型生成带有歧视性的内容，从而鼓励其生成公平、无偏见的内容。

(3) 内容识别与过滤。借助文本分类、关键词匹配、规则引擎等技术，对 RAG 生成的内容进行识别和过滤，拦截不适当及有害言论。对于难以判别的边缘内容，可以通过降低生成概率、添加警示标识等方式进行处理。

(4) 输入过滤与上下文控制。通过分析用户输入，识别并拒绝恶意引导 RAG 生成有害内容的请求。同时，在生成过程中动态引入更多良性的上下文信息，引导 RAG 生成积极、正面的内容。

(5) 人机协作与用户教育。建立人工审核机制，对 RAG 生成的内容进行抽查和复核，及时发现和处置风险内容。同时加强用户教育，帮助用户认识到 RAG 的机器属性及其局限性，培养用户的辨析意识和信息甄别能力。

需要指出的是，RAG 生成内容的安全问题非常复杂，涉及技术、伦理、法律等多个层面，不可能通过单一手段彻底解决。

5.5 总结

本章全面探讨了 RAG 技术的生成优化方法。RAG 通过融合知识检索和语言生成，在知识获取、语言理解、信息组织等方面展现出显著优势，有望成为智能问答与对话系统的重要范式。但 RAG 要真正发挥效用，实现规模化应用，仍需在模型效果、推理效率、内容安全、伦理规范等方面进行持续优化。

第 6 章
RAG 的评估和优化

本章将重点探讨如何评估 RAG 系统生成的结果，分析 RAG 系统中存在的问题及其相应优化方案，最后将对 RAG 的应用情况及其前沿方法进行总结。

6.1 RAG 的评估

评估一个 RAG 系统的性能优劣，需要从检索和生成两个角度入手。检索阶段主要关注检索结果的相关性和多样性，而生成阶段则侧重于评估生成答案的准确性、相关性、忠实度等。本节将系统介绍 RAG 评估的各项指标、方法和基准，帮助读者全面理解 RAG 系统的评估体系。

6.1.1 评估指标

1. 检索质量评估指标

- 命中率（hit ratio，HR）：表示用户需求项在检索结果中的出现概率。其计算公式为：

$$HR = \frac{|T \cap R|}{|T|}$$

其中，T 表示需求项，R 表示检索项。HR 越高，说明检索系统越能满足用户需求。在实际应用中，我们通常设置一个阈值（如 0.7），HR 高于该阈值则认为检索质量合格。

- 平均倒数排名（mean reciprocal rank，MRR）：表示用户需求项在检索结果中的平均排名的倒数。其计算公式为：

$$\mathrm{MRR} = \frac{1}{|Q|} \sum_{i=1}^{|Q|} \frac{1}{\mathrm{rank}_i}$$

其中，$|Q|$ 表示查询样本数量，rank_i 表示第 i 个查询的用户需求项在检索结果中的排名。MRR 值越高，说明用户需求项在检索结果中的排名越靠前，检索质量越好。

- 归一化折损累计增益（normalized discounted cumulative gain，NDCG）：这是一种评价排序质量的指标，考虑了检索结果的相关性和位置因素。其计算步骤如下。

    (1) 计算每个结果的相关性得分（relevance score），记为 rel_i；
    (2) 对相关性得分进行位置折损，得到折损相关性得分（discounted relevance score）。其计算公式为：

$$\mathrm{dr}_i = \frac{\mathrm{rel}_i}{\log_2(i+1)}$$

   (3) 将折损相关性得分累加，得到折损累计增益（discounted cumulative gain，DCG）。其计算公式为：

$$\mathrm{DCG}_p = \sum_{i=1}^{p} \mathrm{dr}_i$$

其中 p 表示只考虑检索结果中的前 p 个位置。在实际应用中，我们通常取 $p=5$ 或 $p=10$，分别记为 NDCG@5 和 NDCG@10。

(4) 计算理想折损累计增益（ideal discounted cumulative gain，IDCG），即将检索结果按相关性得分降序排列后的DCG。

(5) 计算NDCG。其计算公式为：

$$\text{NDCG}_p = \frac{\text{DCG}_p}{\text{IDCG}_p}$$

NDCG的取值范围在0和1之间，越接近1表示检索质量越好。

2. 生成质量评估指标

- 正确率（correctness）：表示生成答案与参考答案的匹配程度。可以使用GPT-4等大模型对生成答案进行评分（0~5分），得分越高表示正确率越高。同时，我们也可以用人工评估的方式，请多位标注人员对生成答案的正确性进行评分，并取平均值作为最终得分。
- 语义相似度（semantic similarity）：表示生成答案与参考答案在语义上的相似程度。可以使用预训练大模型（如BERT、RoBERTa等）计算生成答案和参考答案的语义向量，然后计算两个向量的余弦相似度作为语义相似度分数。分数越高，表示生成答案与参考答案在语义上越接近。
- 忠实度（faithfulness）：表示生成答案是否忠实于输入的文本片段。通常采用人工评估的方式，请标注人员判断生成的答案是否篡改了输入文本的含义。如果是，则标记为"unfaithful（不忠实）"；否则标记为"faithful（忠实）"。一个RAG系统的忠实度越高，说明其生成答案的可靠性越高。
- 答案相关性（answer relevancy）：表示生成的答案与问题的相关程度。通常使用GPT-4等大模型对生成答案的相关性进行打分。得分越高，表示答案与问题的相关性越强。也可以通过人工评估的方式，请标注人员从主题相关性、逻辑一致性等角度对答案的相关性进行评分。
- 指导原则遵循性（guideline adherence）：表示生成答案是否遵循了预设原则（如无害性、无偏见性等）。通常采用人工评估的方式，请标注人员检查生成的答案是否违反了指导原则。如果出现问题，则标记为"violated（违反）"；否则标记为"adhered（遵循）"。一个 RAG 系统的遵循性越高，说明其生成答案的合规性越好。

6.1.2 评估方法

1. 人工评估

人工评估是指由标注人员对 RAG 系统的输出结果进行人工判断和评分，这是一种直观但耗时的评估方式。其基本流程如下。

(1) 构建评估样本集：从真实数据或基准数据集中抽取一部分作为评估样本，每个样本包含问题、参考答案和 RAG 系统生成的答案。

(2) 制定评估指标和评分标准：根据任务需求，选择合适的评估指标（如正确率、答案相关性等），并制定相应的评分标准。

(3) 组织标注人员进行评估：安排多位标注人员独立评估每个样本，给出评分和评语。

(4) 分析评估结果：对多位标注人员的评估结果进行汇总分析，计算各项指标的平均得分，并总结 RAG 系统的优缺点。

人工评估的优点是可以从多个维度考察 RAG 系统所生成答案的质量，评估结果直观可信。但它的缺点在于耗时耗力，评估效率较低，同时不可避免地存在主观性。在实际操作中，人工评估通常考虑真实性、相关性、无害性和有无答案拒绝能力这四个主要维度。评分标准如表 6-1 所示，每个维度的评分范围从 0 到 1。

表 6-1 评分标准

维度	0 分	0.5 分	1 分
真实性	存在大量虚假或错误信息	存在少量虚假或错误信息	全部信息真实可靠
相关性	与问题无关	与问题部分相关	与问题高度相关
无害性	存在明显的有害内容	存在潜在的有害倾向	不存在任何有害内容
有无答案拒绝能力	给出错误答案	回复不够得体	给出得体的拒绝回复

我们以如下的 RAG 问答为例，并使用人工评估的方法对答案进行打分：

> 问题：北京 2022 年冬奥会于哪一天开幕？
> 参考答案：北京 2022 年冬奥会于 2022 年 2 月 4 日开幕。
> RAG 系统生成答案：北京 2022 年冬季奥运会开幕式于 2022 年 2 月 4 日晚间在国家体育场（鸟巢）举行。开幕式以"立春"为主题，分为"立春""众望所归""让世界充满爱"等多个篇章。

根据表 6-1 的评分标准，该答案的各维度的得分情况如表 6-2 所示。

表 6-2 得分情况

维度	得分	评语
真实性	1	答案内容真实可靠，与事实相符
相关性	1	答案与问题高度相关，准确回答了开幕日期
无害性	1	答案不存在任何有害内容
有无答案拒绝能力	—	答案较为完整，未触发无答案判断，该项不予评分

2. 自动评估

自动评估是指使用预设的算法或模型对 RAG 系统的输出结果进行自动判断和评分，这是一种高效但存在一定局限性的评估方式。以下介绍几种常见的自动评估工具，它们各自具有独特的优势和局限性。

- **传统评估指标**

利用 BLEU、ROUGE 等指标，通过计算生成答案与参考答案之间的 n-gram 重叠度来评估生成答案的质量。这类方法计算简单、效率高，但难以捕捉答案的语义相似性，有时会出现与人类评估结果不一致的情况。以下代码 BLEU 指标计算生成答案与参考答案之间的重叠度，以评估生成答案的质量：

```python
from nltk.translate.bleu_score import sentence_bleu

def evaluate_with_bleu(reference_answer, generated_answer):
    reference_tokens = reference_answer.split()
    generated_tokens = generated_answer.split()
    bleu_score = sentence_bleu([reference_tokens], generated_tokens)
    return bleu_score
```

- **语义相似度工具**

使用预训练大模型（如 BERT、RoBERTa 等）计算生成答案与参考答案的语义相似度，这种方法能够在语义层面评估答案质量，但也对模型在特定领域的适应性和性能要求较高。以下代码使用预训练的大模型计算生成答案与参考答案的语义相似度，从而评估生成答案的质量：

```python
from sentence_transformers import SentenceTransformer
from sklearn.metrics.pairwise import cosine_similarity

def evaluate_with_semantic_similarity(reference_answer,
    generated_answer):
    model = SentenceTransformer('all-MiniLM-L6-v2')
    reference_embedding = model.encode(reference_answer)
    generated_embedding = model.encode(generated_answer)
    similarity_score = cosine_similarity([reference_embedding],
        [generated_embedding])[0][0]
    return similarity_score
```

- **大模型**

通过设计合适的评估提示，利用 GPT-4 等大模型自动评估 RAG

系统生成的答案。这类方法评估效率高、评估维度丰富，但评估结果的可解释性较差，同时可能受到模型能力和数据分布的限制。以下代码使用 GPT-4 评估生成答案的正确性和相关性，并返回一个评分：

```
import openai

def evaluate_with_gpt4(question, reference_answer,
generated_answer):
    prompt = f"请评估生成答案的正确性和相关性，并给出 0 到 5 分的评分。
    \n\n 问题：
    {question}\n\n 参考答案：{reference_answer}\n\n 生成答案：
    {generated_answer}\n\n 评估（请以"评分：X 分"格式回复）："
    response = openai.Completion.create(
        engine="text-davinci-002",
        prompt=prompt,
        max_tokens=100,
        n=1,
        stop=None,
        temperature=0.5,
    )
    evaluation = response.choices[0].text.strip()
    score = float(evaluation.split("Score: ")[1])
    return score
```

除了上述所介绍的工具外，业界还提供了多个专门用于 RAG 任务的评估框架，如 RAGAs、DeepEval、ARES 等。这些框架集成了多种评估指标和工具，并提供便捷的 API，使用者可以根据自己的需求选择合适的框架进行 RAG 系统的自动评估。感兴趣的读者可以自行查阅这些框架的官方文档或相关研究论文，获取更详细的指导。

6.1.3　评估基准

评估基准（benchmark）是用于评测 RAG 系统性能的标准数据集和任务。通过在统一的数据集上比较不同 RAG 系统的评估指标，我们可以客观地评估它们的优劣。接下来，我们将介绍几种学术界主流的 RAG 评估基准。

1. RGB[①]

RGB（retrieval-augmented generation benchmark）是一个适用于中英文 RAG 系统的通用评估基准，包含 600 个基础问题、200 个面向信息集成的复杂问题，以及 200 个用于反事实鲁棒性测试的问题。RGB 的构建流程如下。

(1) 从最新的新闻文章中收集问答对数据。为了避免大模型内部知识带来的偏差，评估样本需要选取大模型知识覆盖范围外的最新话题。

(2) 对每个问题，利用搜索引擎检索相关网页，并提取网页正文构建外部文档。

(3) 利用 M3E 等模型对外部文档进行重排序，筛选与问题最相关的片段。

(4) 基于问答对数据和外部文档，构建以下四类测试平台（testbed）。

- 噪声鲁棒性：根据不同噪声比例，为每个样本混入一定比例的噪声文档（即与问题相关但不含答案的文档）。该测试平台用于评估大模型从包含噪声的外部文档中准确提取答案的能力。
- 负排斥：对于只包含噪声文档的样本，大模型应当给出"文档信息不足，无法回答"的拒绝回复。该测试平台用于评估大模型对知识缺失的识别能力以及避免误答的能力。
- 信息集成：收集需要跨文档整合信息才能回答的复杂问题。该测试平台用于评估大模型从多个文档中归纳信息、解决复杂问题的能力。
- 反事实鲁棒性：收集大模型已有知识的问题，并在对应外部文档中加入错误信息。大模型需要识别这些文档中的错误并依然给出正确回答。该测试平台用于评估大模型抵抗错误知识、坚持事实的能力。

[①] 详见 *Benchmarking Large Language Models in Retrieval-Augmented Generation*。

RGB 评估基准的特点是全面覆盖了 RAG 系统在实际应用中的关键能力,并且兼顾中英文,适合多语言 RAG 系统的评估。在 RGB 基准测试中,研究者们评测了 ChatGPT、ChatGLM、Vicuna 等主流模型,发现它们在信息集成和事实鲁棒性方面还有较大提升空间。

2. RECALL[①]

RECALL 同样是一个中英文评估基准,它专注于评估 RAG 系统在面对外部反事实知识时的鲁棒性。该基准基于 EventKG 知识图谱和 UJ-CS/Math/Phy 数据集(简称 UJ 数据集),通过使用 ChatGPT 向原始样本添加反事实信息构建而成。RECALL 包含问答和文本生成两大任务,共 4.7 万个样本。其构建流程如下。

(1) 数据选择:选取 EventKG 知识图谱中的事件描述作为常识知识来源;选取 UJ 数据集中的科学术语及其定义作为科学知识来源。

(2) 数据转换:将结构化的知识转换为自然语言形式。对于 EventKG,将事件的属性值(如时间、地点等)转换为自然语句;对于 UJ 数据集,将术语的定义转换为连贯的短段落。

(3) 问答对构建:对于 EventKG 中的每个事件,自动生成一个问题,其答案为事件的某个属性值;对于 UJ 数据集的每个术语,生成的问题答案是短段落中的某个关键术语。

(4) 反事实信息生成:通过篡改答案或非答案文本向上下文添加反事实信息。

基于此,RECALL 设计了以下三类任务来评估大模型对外部反事实知识的鲁棒性。

[①] 详见 *RECALL: A Benchmark for LLMs Robustness against External Counterfactual Knowledge*。

- QA-A（QA with answers changed in contexts）：在上下文中的答案文本处添加反事实信息，评估模型直接面对错误答案时的鲁棒性。
- QA-NA（QA with non-answer texts changed in contexts）：在上下文中的非答案文本处添加反事实信息，评估模型间接面对错误信息时的鲁棒性。
- 文本生成：要求模型根据包含反事实信息的文本生成准确描述，评估模型抵抗错误知识的能力。

在 RECALL 上的实验表明，大模型很容易被反事实信息误导。例如，在 QA-A 任务中，误导率（misleading rate）超过 80%；而在文本生成任务中，平均有 66% 的反事实知识会出现在大模型最终的输出中。这表明，如何提高 RAG 系统对外部知识可靠性的判断能力仍是一个亟待解决的问题。

3. CRUD-RAG[①]

CRUD-RAG 是一个专为中文 RAG 系统设计的全面评估基准。它从应用场景出发，将 RAG 的任务分为创建（create）、读取（read）、更新（update）和删除（delete）四大类，并针对每类任务设计了相应的评估数据集。CRUD-RAG 的构建流程如下。

(1) 数据选择：从主流新闻网站爬取了 2023 年 7 月以后发布的近 30 万篇高质量新闻文章，并确保这些文章没有出现在大模型的训练语料中。

(2) 任务划分：根据 CRUD 框架，设计了文本续写、单文档和多文档问答、谬误修正以及多文档摘要等任务，评估 RAG 在不同场景下的表现。

[①] 详见 *CRUD-RAG: A Comprehensive Chinese Benchmark for Retrieval-Augmented Generation of Large Language Models*。

(3) 数据构建：使用 GPT-4 对新闻文章进行自动标注，生成各任务所需的数据集。构建细节如下。

- 多文档摘要：首先，利用 GPT-4 从新闻中提取摘要和关键事件，再以这些信息作为检索词，从互联网搜集相关报道，形成摘要-报道文档对。
- 文本续写：将新闻拆分为上下两部分，分别作为续写任务的输入和输出。之后将下半部分切分为多个段落，并为每个段落检索相关报道，加入检索库。
- 单文档问答：沿用已有的构建方法，由 GPT-4 生成问题-答案对。
- 多文档问答：先检索多篇相关新闻，再利用思维链技术引导 GPT-4 分析这些新闻之间的联系和区别，构建出需要借助跨文档推理能力才能回答的问题。该任务根据推理难度可分为 2 篇文档推理和 3 篇文档推理。
- 错误修正：以公开数据集中含有错误信息的文本为输入，将真实文本加入检索库，并利用 GPT-4 自动纠正错误。

CRUD-RAG 评估基准涵盖了对 RAG 系统在中文环境下的关键能力评估，数据量大、质量高。在 CRUD-RAG 上的实验表明，检索增强生成技术明显提升了大模型在文本续写、问答、摘要、纠错等任务上的表现，但仍需要针对具体任务进行优化。

6.1.4 小结

本节详细介绍了 RAG 系统的评估指标、方法和基准。对于初学者，建议先从人工评估入手，在深入理解评估指标的基础上再尝试使用自动化工具。对于进阶学习者，建议多关注主流评估基准的进展，必要时可以尝试构建自己的测试集。只有建立科学完善的评估体系，才能客观认识 RAG 系统的性能，并不断推动系统的迭代优化。

6.2 RAG 落地常见问题和优化方案

在 RAG 技术的实际应用过程中，经常会遇到各种问题，这些问题可能会影响系统性能和用户体验。本节将重点探讨 RAG 技术在落地过程中的常见问题，并提供相应的优化方案，进一步帮助读者了解如何提升 RAG 系统的性能和鲁棒性。

6.2.1 数据问题

在 RAG 系统的知识库构建和检索阶段，数据问题主要分为两类：内容缺失和高相关度文档缺失。

1. 内容缺失问题

内容缺失是指用户的问题超出了知识库的覆盖范围，导致系统无法检索到相关文档，生成答案失败或质量低下。这通常发生于知识库规模较小或垂直领域知识缺失的情况下。例如，在部署于水利知识库的 RAG 系统上，如果用户询问"《三国演义》的作者是谁"，就可能出现内容缺失问题。针对该问题，我们可以采取以下优化方案。

- 知识库扩充：定期扩展知识库规模，更新高质量语料，确保知识库内容的丰富性和时效性。
- 拒绝回答：在设计提示词时，让大模型先判断问题是否在知识库范围内，若超出知识库范围，则生成如"该问题超出知识库范围，我无法回答"的响应。
- 思维链提示：设计合理的提示语，引导 RAG 系统进行多轮检索和推理，尽可能从知识库中获取有助于生成答案的信息。

2. 高相关度文档缺失问题

高相关度文档缺失是指问题的正确答案虽然存在于知识库中,但检索器未能将它包含在 top-k 的检索结果中,导致后续生成阶段无法获取关键信息。这种情况通常发生在知识库规模较大、检索算法不够精准的情况下。例如,在部署于法律知识库的 RAG 系统上,如果用户询问"盗窃罪的量刑标准是什么",而相关法条没有出现在 top-k 结果中,就会产生高相关度文档缺失问题。针对该问题,我们可以采取以下优化方案。

- 多路召回:采用多种检索算法(如关键词检索和语义检索等)对知识库进行并行检索,再对不同算法的检索结果进行合并和重排,提高 top-k 结果的覆盖率。
- 微调向量模型:在特定任务的目标和需求指导下,对向量模型进行微调,使它们更好地捕捉文档和问题的语义相关性,提高语义检索的精度。

以下是一个多路召回的代码示例,它展示了如何通过结合语义检索和关键词检索来提高检索结果的覆盖度:

```
from llama_index import GPTVectorStoreIndex, SimpleDirectoryReader,
    ServiceContext, LLMPredictor
from langchain.llms import OpenAI
from langchain.embeddings.openai import OpenAIEmbeddings

def multi_retrieval(query, index_path, top_k=10):
    """
    多路召回函数
    :param query: 查询语句
    :param index_path: 索引文件路径
    :param top_k: 召回数量
    :return: 召回的文档列表
    """
    # 加载向量索引
    index = GPTVectorStoreIndex.load_from_disk(index_path)
```

```
# 使用向量索引进行语义检索召回
embedding_query_engine = index.as_query_engine()
embedding_results = embedding_query_engine.query(query,
    similarity_top_k=top_k)
embedding_docs = [str(doc) for doc in embedding_results]

# 使用 TF-IDF 进行关键词检索召回
documents = SimpleDirectoryReader(input_files=[index_path]).
    load_data()
llm_predictor = LLMPredictor(llm=OpenAI(temperature=0,
    model_name="text-davinci-002"))
service_context = ServiceContext.from_defaults(llm_predictor=
    llm_predictor)
tfidf_index = GPTVectorStoreIndex.from_documents(documents,
    service_context=service_context)
tfidf_query_engine = tfidf_index.as_query_engine(similarity_
    top_k=top_k)
tfidf_results = tfidf_query_engine.query(query)
tfidf_docs = [str(doc) for doc in tfidf_results]

# 合并两路召回结果并去重
merged_docs = list(set(embedding_docs + tfidf_docs))

return merged_docs

# 测试代码
index_path = '...'   # 插入索引文件路径
query = "..."   # 插入中文查询语句
retrieved_docs = multi_retrieval(query, index_path, top_k=5)

print(f"查询语句:{query}")
print(f"召回结果:")
for doc in retrieved_docs:
    print(doc)
    print('---')
```

6.2.2 检索问题

检索问题主要出现在 RAG 系统的文档检索和答案生成阶段，一种常见的情况是上下文缺失。上下文缺失问题是指尽管检索结果包含了问题的答案，但在生成过程中，这些关键信息并没有被纳入生成模型的上下文中。这类问题通常发生在检索得到的文档数量较多，而生成模型的上下文窗口较小的情况下。例如，RAG 系统从知识库中检索到 10 篇相关文档，但由于生成模型的上下文窗口只能容纳 3 篇，剩余 7 篇无法参与答案生成。针对上下文缺失问题，我们可以采取以下优化方案。

- 上下文压缩：设计高效的上下文压缩算法，挑选最相关的文本片段，以便在有限的上下文窗口内充分利用知识。常见的压缩算法有基于相似度的排序压缩、基于密度的滑动窗口压缩等。
- 重排机制：对召回的文档进行重排，优先展示最相关的文档，并通过截断机制生成大模型的上下文内容。
- 长上下文生成模型：采用支持更长上下文的生成模型，如 GPT-4 Turbo，减少因上下文窗口受限而丢失关键信息的情况。

以下是一个基于信息密度的滑动窗口的上下文压缩示例，它展示了如何通过密度计算裁剪最相关的文本片段：

```python
def density_based_cropping(query, passages, window_size):
    """
    基于密度的滑动窗口裁剪
    :param query: 查询语句
    :param passages: 待裁剪的文本片段列表
    :param window_size: 裁剪窗口大小
    :return: 裁剪后的上下文
    """
    concatenated_passages = " ".join(passages)
    query_tokens = tokenizer.tokenize(query)
    passage_tokens = tokenizer.tokenize(concatenated_passages)
    max_density = 0
    max_density_window = None
    for i in range(len(passage_tokens) - window_size + 1):
        window = passage_tokens[i:i+window_size]
        window_density = sum([1 for t in window if t in query_tokens]) / window_size
        if window_density > max_density:
            max_density = window_density
            max_density_window = window
    return tokenizer.convert_tokens_to_string(max_density_window)
```

6.2.3 生成问题

生成问题主要出现在 RAG 系统的答案生成阶段,常见的问题有格式错误、信息提取失败、信息不完整、答案明确程度不当等。这些问题的产生原因复杂,可能由检索结果的质量或者生成模型的能力不足所导致。下面我们将逐一介绍这些问题及其优化方案。

1. 格式错误问题

格式错误是指生成模型返回的答案格式不符合预期。例如,当我们要求 RAG 系统以 JSON 格式返回某个人物实体的属性时,如果生成模型忽略格式要求,直接以自然语言形式生成答案,就会产生格式错误问题。针对该问题,我们可以采取以下优化方案。

- 少样本提示:通过在提示中提供足够多的例子,明确告知生成模型需要遵循的输出格式。以下是一个具体的代码示例,展示了如何使用少样本提示来指导模型以 JSON 格式返回信息:

```
Q:请以 JSON 格式返回刘德华的基本信息,包括姓名、出生日期、国籍、职业。
A:{
  "姓名":"刘德华",
  "出生日期":"1961 年 9 月 27 日",
  "国籍":"中国",
  "职业":"歌手、演员"
}
```

- 微调模型:在带格式标签的数据集上对生成模型进行微调,使它能够遵循特定的输出格式。例如,我们可以构建如下微调数据集:

```
<city>
    <name>北京</name>
    <area>16410.54 平方千米</area>
    <population>2154.2 万人</population>
    <climate>温带大陆性气候</climate>
    <attractions>故宫、八达岭长城、天坛</attractions>
</city>
```

通过这种方法，可以有效引导生成模型输出符合预期格式的答案，从而减少格式错误的发生。

2. 信息提取失败和信息不完整问题

信息提取失败是指生成模型未能从检索结果中成功抽取答案，信息不完整则是指生成答案只包含了部分正确信息。这两类问题通常是由生成模型对复杂检索结果的理解和聚合能力不足所导致的。

针对这两个问题，我们可以采取以下优化方案。

- 阅读理解任务微调：将 RAG 任务转化为类似机器阅读理解的任务形式，在带有标注答案的数据集上微调生成模型。具体而言，微调数据集中的每条数据包含一个 Passage（即从知识库中检索到的文本片段）、一个 Question（查询的具体问题）以及一个 Answer（从 Passage 中直接提取的准确答案）。通过训练模型在这些数据上学习从 Passage 中抽取与 Question 相关的 Answer。以下是一个基于阅读理解任务构建的微调数据集示例：

  > Passage: 剧情简介：该剧改编自古龙同名小说，讲述了小鱼儿在港海中长大成人，阴差阳错下卷入正邪两道争斗，从而成长为顶天立地的英雄的传奇经历。
  > Question: 电视剧《小鱼儿与花无缺》改编自哪部古龙小说？
  > Answer: 《小鱼儿与花无缺》改编自古龙同名小说。
  >
  > Passage: 会德丰拟分拆山田电机在港上市，分析称山田去年收入为 100.58 亿港元，按一般零售类股 8 至 12 倍市盈率估算，山田上市集资规模约为 12 亿至 18 亿港元。受消息刺激，会德丰股价大涨 9.5%，盘中一度高见 2.65 港元。
  > Question: 会德丰拟分拆旗下哪家子公司在港上市？
  > Answer: 会德丰拟分拆山田电机在港上市。

- 迭代生成：首先生成初步答案，再基于初步答案对检索结果进行重新检索和排序，逐步生成更完善的答案。迭代过程可以多次进行，直到满足答案完整性的要求。图 6-1 所示为一个基于迭代生成的 RAG 流程示意图。

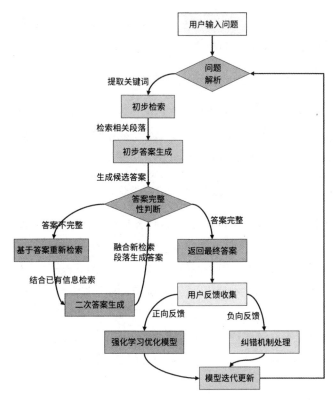

图 6-1 基于迭代生成的 RAG 流程

3. 答案明确程度不当问题

答案明确程度不当是指生成的答案在细节上不符合用户需求,要么过于具体,包含大量无关细节;要么过于笼统,未能提供有效信息。这类问题往往源于检索到的数据质量不高或者输入生成模型的提示设计不当。针对这一问题,我们可以采取以下优化方案。

- 通过在提示中明确说明所需的答案具体程度,指导模型生成符合预期的答案。例如,可以通过以下提示要求模型提供简要或详细的回答:

你是一名专业的知识助手,负责生成符合用户需求的答案。在生成答案时,请严格按照以下具体程度的要求进行回答。以下是两个示例:

示例 1:简要回答
Q:请简要介绍百度公司的基本情况。
A:百度是一家成立于 2000 年的中国互联网公司,由李彦宏和徐勇创立。百度主要提供搜索引擎服务,此外还涉足人工智能、云计算等领域。2005 年,百度在纳斯达克上市。

示例 2:详细回答
Q:请详细介绍百度公司的发展历程,包括公司成立背景、重要产品发布史、上市过程、经营业绩等内容,字数不少于 500 字。
A:(详细答案生成已省略)

- 利用带有具体性标签(如"低""中""高")的数据集对生成模型进行微调,使它能够根据不同需求生成相应细节程度的答案。以下微调数据集示例展示了如何通过 Specificity 标签指导模型生成不同详细程度的回答:

```
fine_tune_data = [
    {
        "Input": "请介绍《水浒传》的故事梗概。",
        "Output": "《水浒传》是中国四大名著之一,主要讲述北宋末年以宋江为首的 108 位好汉在梁山聚义的故事。这些好汉都是因为种种原因被逼上梁山,最后受到朝廷招安,一同去征讨辽国、高丽,立下赫赫战功。",
        "Specificity": "低"
    },
    {
        "Input": "请介绍《水浒传》的主要人物及其特点。",
        "Output": "《水浒传》塑造了宋江、武松、鲁智深、李逵、林冲等一系列性格鲜明的英雄人物。宋江仁义聪明,是梁山好汉的领袖;武松性格暴烈,擅长醉拳;鲁智深义气伙头,嗜酒好斗;李逵骁勇善战,性格单纯;林冲因受高俅陷害被逼上梁山,后来也成为梁山好汉的主要头领之一。",
        "Specificity": "中"
    },
    {
        "Input": "请对《水浒传》中的林冲这一人物形象进行详细分析,字数不少于 300 字。",
        "Output": "林冲是《水浒传》中的重要人物,人称'豹子头',在梁山好汉中具有独特的地位。林冲本为八十万禁军教头,因被高俅陷害,妻子被霸占,被逼上梁山。林冲的性格复杂多面,既有仗义疏财、武艺高强的侠义一面,也有隐忍克制、忍辱负重的坚韧一面。他的悲剧命运集中体现了封建社会的黑暗和不公,同时也凸显了他敢于反抗、勇于斗争的英雄品质。林冲的故事贯穿了《水浒传》的前半部分。他因高衙内垂涎其妻,被设计陷害,发配沧州,千里投奔梁山。上梁
```

```
山后，林冲凭借一身出众的武艺，很快在好汉中崭露头角。他在梁山好汉的征战中
也多立战功，如活捉童贯、独斗上将焦挺等。",
        "Specificity": "高"
    }
]
```

6.2.4 其他开放性问题

除了上述常见问题外，RAG 系统在实际应用中还面临一些开放性问题，如文本块大小和 top-*k* 的选择、多跳问答（multi-hop question answering）、背景知识干扰等。这些问题通常没有全场景通用的解决方案，需要根据实际应用场景和模型能力作出权衡。接下来我们将逐一探讨这些问题及相应的优化策略。

1. 文本块大小的选择

文本块大小是指知识库中的文档被切分为文本块的长度。合理的文本块大小需要在知识粒度和检索效率之间取得平衡：文本块过小会导致知识碎片化，过大则会降低检索的灵活性。我们通常建议结合应用场景，遵循以下原则进行块大小的选择。

- 对于主要回答事实型问题的场景（如百科问答），可以选择较小的文本块（如 100~200 字），以便检索到精准的事实片段。
- 对于处理观点性问题的场景（如言论解读），可以选择较大的文本块（如 500 字以上），以保证检索到完整的论点逻辑。
- 对于需要生成长文本答案的场景（如摘要生成），可以动态调整文本块大小，先以较大的文本块检索相关文档，再根据需要进行动态裁剪和拼接，提高生成效率。

2. top-*k* 的选择

top-*k* 指从知识库中检索出的相关文档数量。合理选择 top-*k* 需要平衡知识覆盖率和计算开销：top-*k* 过小可能遗漏重要信息，而 top-*k*

过大则会增加后续排序和生成的计算量。我们通常建议遵循以下原则进行 top-k 的选择。

- 在知识库规模较小（如少于 1 万篇文档）的场景中，可以选择较大的 top-k（如 20~50 篇），以提高知识覆盖率。
- 在知识库规模较大（如多于 10 万篇文档）的场景中，可以选择较小的 top-k（如 10~20 篇），以控制计算开销。
- 对于实时性要求较高的应用，可以通过倒排索引等技术加速 top-k 检索，在满足时延要求的同时尽量扩大 top-k 的范围。

3. 多跳问答

多跳问答指的是在回答问题时，需要跨越多个知识源，并进行多个逻辑推理步骤。例如，对于问题"华为手机和苹果手机相比，哪个更好？"，需要先从"华为手机"和"苹果手机"两个知识点出发，再结合"相比"这一逻辑步骤得出最终答案。RAG 系统在实现多跳问答时面临以下几项挑战。

- 知识聚合：需要从多个文档中抽取并聚合相关知识，构建完整的逻辑链条。
- 推理能力：需要具备一定的常识推理和语义理解能力，能够捕捉知识点之间的逻辑关系。
- 可解释性：在生成答案的同时，能提供推理过程和依据，以提高答案的可信度。

为了强化 RAG 系统的多跳问答能力，我们可以尝试以下优化思路。

- 基于图的知识表示：将知识库构建成知识图谱或知识卡片的形式，显式表示实体、属性、关系等知识要素，降低知识聚合的难度。
- 引入外部常识：利用 ConceptNet、ATOMIC 等常识知识库，为 RAG 系统提供必要的常识推理能力。
- 形式化推理：将自然语言问题转化为逻辑表达式，利用规则引擎、定理证明器等形式化推理工具辅助答案生成。
- 基于思维链的答案生成：借鉴思维链提示的思路，引导 RAG 系统生成自然语言的推理链条，提高答案的可解释性。

4. 背景知识干扰

背景知识干扰是指检索到的结果与生成模型中已有的背景知识重叠，导致最终生成的答案偏离了检索结果本身的内容。举个例子，如果生成模型接收到"贝多芬是最伟大的作曲家"这一检索结果，但受模型内部已有背景知识的影响，可能会生成"贝多芬是法国古典主义时期的作曲家，他的主要作品有 D 大调《第九交响曲》等"这样包含错误信息的回答。

背景知识干扰反映了知识整合中的两难困境：我们希望 RAG 系统能够兼顾从外部检索到的知识和模型内部的背景知识，但又担心背景知识会主导甚至误导答案生成。这个困境的根源在于，系统对知识的相关性判断存在主观性，缺乏客观的评判标准。为了缓解背景知识干扰问题，我们可以尝试以下优化思路。

- 提示工程：精心设计检索提示，减少触发背景知识的可能性。例如，避免在提示中提及知名度高的人、热点事件等容易引发联想的内容。
- 知识冲突检测：在生成答案之前，先检测检索到的知识和背景知识之间是否存在冲突。如果存在冲突，则有针对性地调整提示或答案，避免背景知识主导输出。
- 后处理过滤：在生成答案之后，通过设计启发式规则或训练知识纠错模型，过滤掉可能受到背景知识干扰的答案，确保答案更符合检索提示本身。

- 反事实训练：在训练模型的过程中引入一些反事实的检索提示，例如"贝多芬是法国作曲家"等与事实相悖的提示。通过训练，让模型学会拒绝背景知识的干预，专注于回答检索提示中的具体内容。

背景知识干扰问题反映了当前 RAG 系统在平衡外部知识和内部知识方面的不足。虽然背景知识有助于模型理解问题、生成答案，但过度依赖背景知识，而忽视了从外部获取的新信息，就可能产生偏离事实的答案。

6.2.5 小结

本节讨论了 RAG 在落地过程中可能遇到的问题及其优化方案，涵盖了数据处理、检索机制以及文本生成等多个环节。需要注意的是，这些问题和优化方案并非能够覆盖所有场景，在实践中还需要根据具体的应用场景和模型能力持续迭代优化。要充分发挥 RAG 的潜力，还有赖于知识表示、机器推理、交互优化等多个方面的共同进步。

6.3 前沿 RAG 方法

随着大模型和 RAG 技术的快速发展，研究人员们也在不断探索新的方法来提升 RAG 系统的性能。本节将简要介绍 RAG 领域的四个最新研究方向。

6.3.1 动态相关 RAG

RAG 在处理复杂查询时，往往难以检索到所有相关文档。为了解决这一问题，动态相关 RAG[1]（dynamic-relevant retrieval-augmented

---

[1] 详见 *DR-RAG: Applying Dynamic Document Relevance to Retrieval-Augmented Generation for Question-Answering*。

generation，DR-RAG）提供了一种两阶段检索策略，显著提升了文档检索的召回率，尤其在应对那些与查询的相关性较低但对回答至关重要的文档时更为有效。相比于传统 RAG，DR-RAG 方法具有以下几个主要改进点。

- 第一阶段检索：使用相似度匹配方法，基于查询检索一定比例的文档。
- 查询文档拼接（query document concatenation，QDC）：将查询与第一阶段检索到的文档进行拼接，形成新的查询。
- 第二阶段检索：使用拼接后的查询进行第二次检索，以发现更多相关文档。
- 分类器：判断检索到的文档是否对回答当前查询有贡献。
- 文档选择策略：通过设计正向选择和逆向选择两种策略，优化检索到的文档集合。

实验表明，DR-RAG 在多跳问答数据集上的表现优于现有的 RAG 方法。在 HotpotQA 数据集上的实验结果显示，DR-RAG 在完全匹配率（exact match，EM）、F1 值（F1-score）和准确率（accuracy，ACC）三个指标上分别提升了 6.58%、9.05% 和 11.68%。

6.3.2 Graph RAG

传统 RAG 方法在回答全局查询（如"数据集的主要主题是什么？"）时存在一定的局限性。为此，Edge 等人提出了一种基于图的 RAG 方法，称为 Graph RAG[1]。该方法结合了 RAG 和查询聚焦摘要（query-focused summarization，QFS）的优势，能够扩展至大规模文本语料库的处理。

---

[1] 详见 *From Local to Global: A Graph RAG Approach to Query-Focused Summarization*。

具体来说，Graph RAG 使用大模型构建基于图的文本索引，整体流程如图 6-2 所示，主要执行步骤如下。

(1) 使用源文档中的每个文本块作为输入，使用大模型从每个文本块中提取和总结各种知识要素，如实体、关系和声明等，并将这些知识要素添加到图形索引中。

(2) 利用社区检测算法（如 Leiden 等人的方法），将图形索引划分为多个知识社区，以便并行处理。

(3) 对于给定的查询，使用预训练的大模型生成一个全局性的概括性答案，这个答案是由所有相关社区的摘要组成的。

(4) 最后，使用一个大模型来整合上述局部的答案，形成一个完整的全局性答案，以响应用户的查询。

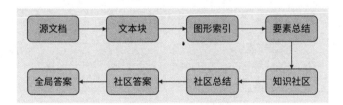

图 6-2　Graph RAG 的整体执行流程

实验表明，Graph RAG 在答案的全面性和多样性方面显著优于传统 RAG 方法，尤其在全局理解任务中表现突出。

6.3.3　FlashRAG

为了帮助研究人员更便捷地复现现有 RAG 方法并开发新算法，Jin 等人提出了 FlashRAG[①]，这是一个高效和模块化的开源 RAG 工具包。

---

① 详见 *FlashRAG: A Modular Toolkit for Efficient Retrieval-Augmented Generation Research*。

FlashRAG 包含四个主要模块：环境模块、数据模块、管道模块和组件模块。其整体架构如图 6-3 所示。该工具包设计灵活，提供了一个可定制的模块化框架，涵盖了五大类 RAG 组件，研究人员能够根据需求灵活构建和调整 RAG 系统。

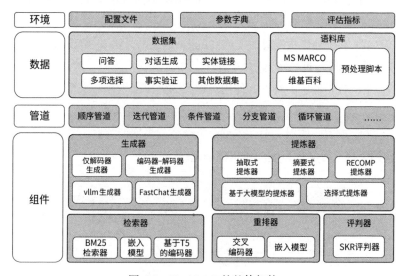

图 6-3　FlashRAG 的整体架构

此外，FlashRAG 实现了 12 种先进的 RAG 算法，为研究者提供了丰富的基线和参考。FlashRAG 还为研究工作提供了全面的数据集支持，它收集并预处理了 32 个常用的 RAG 基准数据集，大大简化了实验准备工作。为了进一步提高研究效率，FlashRAG 提供了高效的辅助预处理脚本，包括用于下载和切分维基百科等语料库的工具。在评估方面，FlashRAG 支持广泛的标准评估指标，覆盖了 RAG 系统的检索和生成两个关键环节，确保实验结果的全面性和可比性。表 6-3 展示了 FlashRAG 与其他 RAG 工具包的特性对比。这些特性使得 FlashRAG 成为 RAG 研究领域的一个强大平台，促进了 RAG 领域的创新研究。

表 6-3　FlashRAG 与其他 RAG 工具包的对比

特性	FlashRAG	LangChain	LlamaIndex	Haystack
模块化组件	✓	✓	✓	✓
自动评估	✓	✗	✓	✓
语料库助手	✓	✓	✓	✗
提供数据集	32	-	-	-
支持工作数量	12	2	2	-

6.3.4　DocReLM

DocReLM[①]是由 Wei 等人提出的一种文档检索方法,旨在提升对学术文献的语义理解和检索能力。该方法巧妙地利用大模型来增强文档检索系统的性能,是学术文献检索领域的一项重要突破。

图 6-4 所示为 DocReLM 方法的整体架构,其核心框架包含三个关键组件:检索器、重排器和参考文献提取器。检索器使用对比学习的方法进行训练,以提高向量检索的准确性;重排器采用交叉编码器模型对初步检索结果进行精细排序;参考文献提取器利用大模型从检索到的论文中提取相关的参考文献。这种设计充分发挥了大模型在语义理解和文本生成方面的优势,使得检索过程更加智能和精确。

---

① 详见 *DocReLM: Mastering Document Retrieval with Language Model*。

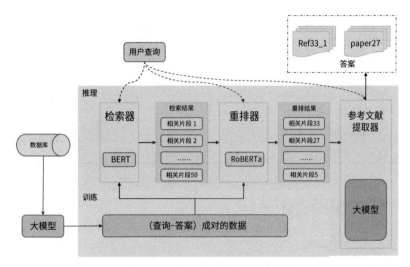

图 6-4 DocReLM 方法的整体架构

实验结果显示,DocReLM 在量子物理和计算机视觉等专业领域均表现优异。以计算机视觉领域为例,DocReLM 的 top-10 准确率为 44.12%,显著超过了 Google Scholar 的 15.69%。这一结果不仅证明了 DocReLM 在处理复杂学术文献时的卓越性能,也展示了将大模型应用于专业领域文献检索的巨大潜力。DocReLM 的成功为学术文献检索开辟了新的研究方向,凸显了大模型在专业知识管理和信息检索中的广阔应用前景。

6.3.5 小结

本节介绍的四个 RAG 研究方向代表了当前技术发展的主要趋势,包括提高检索精度、支持全局查询、提供模块化工具以及增强专业领域的理解能力。这些方法从不同角度优化了 RAG 系统,也为未来研究指明了方向。展望未来,RAG 技术的进一步发展可能会关注以下几个方向:整合多种数据类型的多模态 RAG、实时更新检索知识库、提升 RAG 系统的可解释性以及降低计算资源需求等。

6.4 总结

本章全面探讨了 RAG 系统的评估与优化问题,并进一步探索了其前沿应用场景。在评估优化方面,我们系统梳理了 RAG 的各项评估指标、方法和基准,并针对落地过程中的常见问题给出了相应的优化方案。在前沿应用方面,我们重点讨论了 RAG 与知识图谱、大模型等先进技术结合,以解决特定的问题和挑战。这标志着 RAG 正在从一个单一的知识问答工具,逐步发展为一个适用于多场景、跨模态的知识计算框架。

第 7 章
项目实战

本章[1]将深入探讨检索增强生成系统的实现与优化方法。我们将从构建基础 RAG 系统开始,逐步扩展到多模态 RAG 的实现,并详细讲解如何对 RAG 系统进行优化和调试。

7.1 搭建基础 RAG 系统

本节将基于 LlamaIndex 框架搭建一个基础的 RAG 系统,并使用 MokaAI 的 m3e-base 作为向量模型,阿里的 Qwen1.5-7B-Chat 作为大模型。我们先通过这一个例子来巩固前面所介绍的 RAG 理论知识。

7.1.1 代码实战

(1) 配置环境并安装必要的库

首先,我们需要配置环境并安装必要的库。为了确保环境的独立性和管理的简便性,建议创建一个虚拟环境。可以通过以下命令创建虚拟环境并激活:

---

[1] 本章的完整代码可在图灵社区(iTuring.cn)本书主页下载。

```
python -m venv rag_env
# 在 Linux 和 macOS 操作系统上的激活命令
source rag_env/bin/activate
# 在 Windows 操作系统上的激活命令
source rag_env\Scripts\activate
```

接下来,安装构建 RAG 系统所需的库。安装命令如下:

```
pip install llama-index transformers torch sentence_transformers pandas
```

这一命令列出了需要安装的库。以下是对每个库的功能说明。

- `llama-index`:用于构建 RAG 系统的主要框架。
- `transformers`:用于加载和使用预训练的语言模型。
- `torch`:这是一个深度学习框架,通常作为 `transformers` 的后端。
- `sentence_transformers`:用于生成句子的向量表示。
- `pandas`:用于数据处理和分析。

安装完成后,就可以通过以下代码验证环境是否配置成功:

```
from llama_index.core import VectorStoreIndex, SimpleDirectoryReader
from llama_index.embeddings.huggingface import HuggingFaceEmbedding
from llama_index.llms.huggingface import HuggingFaceLLM
import torch

print("环境配置成功!")
```

执行上述代码,如果没有报错,说明环境配置成功。

(2) 数据准备和预处理

配置与安装工作完成后,我们将使用一个简单的数据集来演示 RAG 系统的功能。这个数据集包含了一些世界著名地标的描述。首先,创建数据集并进行初步的预处理操作,代码如下:

```
import pandas as pd
import os
```

```python
data = [
    {"title": "埃菲尔铁塔", "content": "埃菲尔铁塔是位于法国巴黎的铁塔，是世界上最知名的建筑物之一，也是巴黎的标志。它的名字来自设计师古斯塔夫·埃菲尔。"},
    {"title": "长城", "content": "长城是中国古代的伟大防御工程，也是世界上最长的城墙。它始建于春秋战国时期，绵延数千公里，被誉为世界七大奇迹之一。"},
    {"title": "泰姬陵", "content": "泰姬陵是位于印度北方邦阿格拉的白色大理石陵墓，是莫卧儿帝国国王沙贾汗为了纪念他的第三任妻子姆塔兹·玛哈尔而建造的。"},
    {"title": "自由女神像", "content": "自由女神像是美国的国家标志之一，位于纽约港口的自由岛上。它是法国在1886年赠送给美国的礼物，象征着自由和民主。"},
    {"title": "马丘比丘", "content": "马丘比丘是位于秘鲁的古印加帝国遗址，建于15世纪，后来被遗弃。它因其令人惊叹的建筑和壮观的山景而闻名于世。"}
]

df = pd.DataFrame(data)

# 创建一个临时目录来存储文本文件
if not os.path.exists('temp_docs'):
    os.mkdir('temp_docs')

# 将每个文档保存为单独的文本文件
for i, row in df.iterrows():
    with open(f'temp_docs/doc_{i}.txt', 'w', encoding='utf-8') as f:
        f.write(f"{row['title']}\n\n{row['content']}")

print("数据准备完成。")
```

这段代码创建了一个包含5个世界著名地标描述的数据集，并将每个描述保存为单独的文本文件。LlamaIndex可以直接从这些文本文件中读取数据。

(3) 实现简单的RAG模型

在准备好数据后，我们便可以使用LlamaIndex实现一个简单的RAG模型。我们使用默认的配置，通过m3e-base模型对用户的查询进行向量化，计算查询向量和文档向量的相似性获取相关内容。具体代码如下：

7.1 搭建基础 RAG 系统

```python
"""实现简单的RAG模型"""
from llama_index.core import VectorStoreIndex, SimpleDirectoryReader
from llama_index.embeddings.huggingface import HuggingFaceEmbedding
from llama_index.llms.huggingface import HuggingFaceLLM

# 定义向量模型和大模型的路径
embed_model_path = "path/to/m3e-base/"
llm_model_path = "path/to/Qwen1.5-7B-Chat/"

# 加载文档
documents = SimpleDirectoryReader('temp_docs').load_data()

# 初始化向量模型
embed_model = HuggingFaceEmbedding(model_name=embed_model_path)

# 初始化大模型
def messages_to_prompt(messages):
    prompt = ""
    for message in messages:
        if message.role == 'system':
            prompt += f"<|system|>\n{message.content}</s>\n"
        elif message.role == 'user':
            prompt += f"<|user|>\n{message.content}</s>\n"
        elif message.role == 'assistant':
            prompt += f"<|assistant|>\n{message.content}</s>\n"

    # 确保对话以系统提示开头，如果缺少系统提示，则插入默认提示
    if not prompt.startswith("<|system|>\n"):
        prompt = "<|system|>\n</s>\n" + prompt

    # 添加助手提示
    prompt = prompt + "<|assistant|>\n"

    return prompt

# 将大模型生成的结果转换为提示格式
def completion_to_prompt(completion):
    return f"<|system|>\n</s>\n<|user|>\n{completion}</s>\n \
        <|assistant|>\n"

llm = HuggingFaceLLM(
    model_name=llm_model_path,
    tokenizer_name=llm_model_path,
    context_window=3900,
    max_new_tokens=256,
    generate_kwargs={"temperature": 0.7, "top_k": 50, "top_p": 0.95, "pad_token_id": 151645},
```

```
    messages_to_prompt=messages_to_prompt,
    completion_to_prompt=completion_to_prompt,
    device_map="auto",
)
# 测试大模型的输出
response = llm.complete("What is the meaning of life?")
print(str(response))

# 创建索引
index = VectorStoreIndex.from_documents(documents,
embed_model=embed_model)

# 创建查询引擎
query_engine = index.as_query_engine(llm=llm)
print(f"query_engine: {query_engine}")

# 测试RAG系统
test_query = "法国有什么著名的建筑? "
response = query_engine.query(test_query)
print(f"问题: {test_query}")
print(f"回答: {response}")
```

上述代码搭建了一个基础的 RAG 系统,以下是对一些关键组件的作用说明。

- 使用 `SimpleDirectoryReader` 从指定的文本文件中加载文档。
- 使用 m3e-base 作为向量模型来生成文档向量,使用 Qwen1.5-7B-Chat 作为大模型来生成回答。
- 创建 `VectorStoreIndex` 对加载的文档进行索引。
- 通过 `as_query_engine` 创建查询引擎,并通过该引擎来回答问题。

(4) 评估基础 RAG 系统性能

为了评估我们所搭建的 RAG 系统,可以准备一些测试问题,并检查系统的回答质量。示例代码如下:

```
test_questions = [
    "中国有什么著名的建筑? ",
    "印度有什么知名的地标? ",
```

```
    "美国的标志性建筑是什么？",
    "哪个地标建于15世纪？"
]

for question in test_questions:
    response = query_engine.query(question)
    print(f"问题: {question}")
    print(f"回答: {response}")
    print("-" * 50)
```

运行这段评估脚本后，可以手动检查每个问题的回答质量，重点关注检索到的文档相关性以及生成的答案是否准确。

在实际应用中，为了更全面地评估系统性能，我们可能会使用前文介绍过的评估指标，如 BLEU、ROUGE 或人工评分等，进行更加系统化的评估。

7.1.2　小结

在这一节中，我们使用 LlamaIndex 框架搭建了一个基础的 RAG 系统，实现步骤包括环境配置、数据准备、RAG 模型的实现，以及基础系统的评估。该基础系统展示了如何使用 LlamaIndex 快速构建 RAG 应用，为后续的优化和扩展奠定了基础。在接下来的小节中，我们将探索更高级的 RAG 技术，并对这个系统进行逐步改进。

关于搭建 RAG 系统的完整代码可在图灵社区本书主页下载，其中包含了从数据准备到系统评估的所有实现步骤。可以直接运行这个脚本来测试基于 LlamaIndex 的基础 RAG 系统。需要注意的是，在运行该系统时，请确保已经安装了所有必要的库，并且有足够的计算资源（尤其是 GPU 内存）来运行 Qwen1.5-7B-Chat 模型。

7.2 优化 RAG 检索模块

在 7.1 节中,我们构建了一个基础的 RAG 系统。本节将在此基础上,重点优化 RAG 的检索模块。我们将探讨多种检索策略,实现混合检索系统,并比较不同策略的性能。

7.2.1 实现多种检索策略

接下来,我们将逐一介绍几种检索策略。这些策略通过 LlamaIndex 框架提供的不同检索器来实现。

1. 基本向量检索

我们已经实现了一个简单的基于向量相似度的检索引擎,通过计算用户查询与文档之间的向量相似度,检索相关文档。以下代码展示了如何创建一个基本向量检索器:

```
vector_retriever = vector_index.as_retriever(similarity_top_k=2)
from llama_index.core import VectorStoreIndex, SimpleDirectoryReader
from llama_index.embeddings.huggingface import HuggingFaceEmbedding
from llama_index.llms.huggingface import HuggingFaceLLM

# 定义向量模型和大模型的路径
embed_model_path = "/path/to/m3e-base/"
llm_model_path = "/path/to/Qwen1.5-7B-Chat/"

# 使用与 7.1 节中相同的数据加载方式
documents = SimpleDirectoryReader('temp_docs').load_data()

# 初始化向量模型
embed_model = HuggingFaceEmbedding(model_name=embed_model_path)

# 创建向量索引
vector_index = VectorStoreIndex.from_documents(documents,
embed_model=embed_model)

# 创建基本向量检索器
vector_retriever = vector_index.as_retriever(similarity_top_k=2)
```

2. BM25 检索

BM25 是一种基于关键词的检索算法，它不依赖于向量表示，而是通过统计 TF-IDF 来衡量文档与查询的相关性。以下代码展示了如何创建一个 BM25 检索器：

```
from llama_index.retrievers.bm25 import BM25Retriever
from llama_index.core.node_parser import SentenceSplitter

# 创建 BM25 检索器
splitter = SentenceSplitter(chunk_size=1024)
nodes = splitter.get_nodes_from_documents(documents)
bm25_retriever = BM25Retriever.from_defaults(nodes=nodes,
similarity_top_k=2)
```

3. 自动问题生成检索

自动问题生成检索是使用大模型生成与查询相关的额外问题，这些问题将用于帮助系统更精准地进行检索。以下代码展示了如何实现自动问题生成检索器：

```
from llama_index.core import PromptTemplate
from llama_index.core.retrievers import AutoMergingRetriever
from llama_index.core.query_engine import RetrieverQueryEngine
import torch

# 定义提示生成函数
def messages_to_prompt(messages):
    prompt = ""
    for message in messages:
        if message.role == 'system':
            prompt += f"<|system|>\n{message.content}</s>\n"
        elif message.role == 'user':
            prompt += f"<|user|>\n{message.content}</s>\n"
        elif message.role == 'assistant':
            prompt += f"<|assistant|>\n{message.content}</s>\n"

    # 确保对话以系统提示开头，如果缺少系统提示，则插入默认提示
    if not prompt.startswith("<|system|>\n"):
        prompt = "<|system|>\n</s>\n" + prompt

    # 添加助手提示
```

```
    prompt = prompt + "<|assistant|>\n"
return prompt

# 将大模型生成的结果转换为提示格式
def completion_to_prompt(completion):
return f"<|system|>\n</s>\n<|user|>\n{completion}</s>\n
    <|assistant|>\n"

# 初始化 HuggingFaceLLM 模型实例
llm = HuggingFaceLLM(
    model_name=llm_model_path,
    tokenizer_name=llm_model_path,
    context_window=3900,
    max_new_tokens=256,
    generate_kwargs={"temperature": 0.7, "top_k": 50, "top_p":
        0.95, "pad_token_id": 151645},
    messages_to_prompt=messages_to_prompt,
    completion_to_prompt=completion_to_prompt,
    device_map="auto",
)

# 创建自动问题生成检索器
auto_merging_retriever = AutoMergingRetriever(
    vector_index.as_retriever(similarity_top_k=2),
    llm,
    verbose=True
)
```

7.2.2 比较不同检索策略的性能

为了比较不同检索策略的性能,我们可以使用一组测试问题来评估基本向量检索、BM25 检索以及自动生成问题检索的响应速度和质量。以下代码展示了如何进行这一比较:

```
# 定义测试问题集
test_questions = [
    "哪些国家有著名的自然景观?",
    "有哪些建于公元前的历史遗迹?",
    "世界上最高的现代建筑是什么?",
    "哪些宗教场所最受游客欢迎?",
    "有哪些著名的桥梁地标?"
]
```

```python
# 比较不同检索策略的性能
retrievers = {
    "Vector": vector_retriever,
    "BM25": bm25_retriever,
    "auto": auto_merging_retriever
}

results = {}

for name, retriever in retrievers.items():
    query_engine = RetrieverQueryEngine.from_args(
        retriever,
        llm=llm,
        node_postprocessors=[SimilarityPostprocessor(similarity_
            cutoff=0.7)]
    )
    start_time = time.time()
    responses = []
    for question in test_questions:
        response = query_engine.query(question)
        responses.append(str(response))
    end_time = time.time()
    results[name] = {
        "responses": responses,
        "time": end_time - start_time
    }

# 打印结果
for name, result in results.items():
    print(f"检索策略: {name}")
    print(f"响应时间: {result['time']:.2f} seconds")
    for i, response in enumerate(result['responses']):
        print(f"问题{i+1}: {test_questions[i]}")
        print(f"回答{i+1}: {response[:150]}...")  # 打印前150个字符
    print("-" * 50)
```

通过上述代码,我们可以比较不同检索策略的响应速度及质量,进而分析它们的实际性能与适用场景。

- 基本向量检索:响应速度快,适合大规模数据集,但可能会忽略一些细微的语义差异。适用于大规模、一般性的信息检索任务。

- BM25 检索：依赖于关键词匹配，能够很好地处理包含特定术语的查询，但可能会忽略更广泛的语义相关性。适合需要精确匹配关键词的场景，如涉及专业术语的技术文档搜索等。
- 自动问题生成检索：可以捕捉更多语义信息，但速度较慢，且依赖于大模型的推理性能。它在智能客服等复杂问答系统中具有明显优势。

因此，在选择检索策略时，可以从以下几个方面考虑：对于大规模数据集，可能更适合采用基本向量检索；对于简单查询，BM25 检索已经足够，而复杂查询则更依赖于自动问题生成检索的语义理解能力；在对响应时间要求较高的场景中，基本向量检索和 BM25 检索更具优势，在计算资源有限的情况下，这两种方法也因其高效率而往往成为首选。

7.2.3　小结

本节探讨了多种 RAG 检索策略，并实现了一个混合检索系统。通过比较不同策略的性能，我们可以看到每种方法都有其独特的优势和适用场景。在实际应用中，应根据具体需求和资源限制，选择合适的检索策略，或者采用多种方法的混合模式，以获得最佳效果。

7.3　增强 RAG 生成模块

7.2 节探讨了如何优化 RAG 系统的检索模块。本节我们将重点放在生成模块的增强上，特别是通过集成多个大模型来提升系统的生成能力。我们将集成 Qwen-14B-Chat、ChatGLM3-6B 和 Qwen1.5-7B-Chat 这三个模型，并探讨如何结合它们的优势来增强 RAG 系统的性能。

7.3.1 代码实战

(1) 集成多个大模型

首先,我们需要集成这三个大模型到我们的 RAG 系统中。以下代码展示了如何初始化并加载这些模型:

```python
from llama_index.llms.huggingface import HuggingFaceLLM

# 定义提示生成函数
def messages_to_prompt(messages):
    prompt = ""
    for message in messages:
        if message.role == 'system':
            prompt += f"<|system|>\n{message.content}</s>\n"
        elif message.role == 'user':
            prompt += f"<|user|>\n{message.content}</s>\n"
        elif message.role == 'assistant':
            prompt += f"<|assistant|>\n{message.content}</s>\n"

    # 确保对话以系统提示开头,如果缺少系统提示,则插入默认提示
    if not prompt.startswith("<|system|>\n"):
        prompt = "<|system|>\n</s>\n" + prompt

    # 添加助手提示
    prompt = prompt + "<|assistant|>\n"

    return prompt

# 将大模型生成的结果转换为提示格式
def completion_to_prompt(completion):
    return f"<|system|>\n</s>\n<|user|>\n{completion}</s>\n<|assistant|>\n"

def get_llm(model_name):
    llm = HuggingFaceLLM(
        model_name=model_name,
        tokenizer_name=model_name,
        context_window=3900,
        max_new_tokens=256,
        model_kwargs={"trust_remote_code": True},
        generate_kwargs={"temperature": 0.7, "top_k": 50, "top_p": 0.95, "pad_token_id": 151645},
        messages_to_prompt=messages_to_prompt,
```

```python
        completion_to_prompt=completion_to_prompt,
        device_map="auto",
    )
    return llm

# 初始化三个模型
base_path = "/home/work/var/data/ssr-share-data/"
qwen_14b = get_llm(base_path + "Qwen-14B-Chat")
chatglm3 = get_llm(base_path + "chatglm3-6b")
qwen_7b = get_llm(base_path + "Qwen1.5-7B-Chat")

llm_dict = {
    "Qwen-14B": qwen_14b,
    "ChatGLM3-6B": chatglm3,
    "Qwen1.5-7B": qwen_7b
}
```

(2) 实现提示工程技术

为了更好地利用这些模型的能力,我们将借助提示工程技术,设计不同的提示模板,以引导模型生成更加准确和多样的回答。定义不同提示模板的代码如下:

```python
from llama_index.core import PromptTemplate

# 基础提示模板
base_prompt = PromptTemplate(
    "请根据以下信息回答问题。如果无法从给定信息中找到答案,请说'我没有足够的信息来回答这个问题'。\n\n背景信息: {context_str}\n\n问题: {query_str}\n\n回答: "
)

# 思维链提示模板
cot_prompt = PromptTemplate(
    "请根据以下信息回答问题。在给出最终答案之前,请先逐步分析你的思考过程。如果无法从给定信息中找到答案,请解释为什么。\n\n背景信息: {context_str}\n\n问题: {query_str}\n\n思考过程:\n1."
)

# 多角度提示模板
multi_perspective_prompt = PromptTemplate(
    "请根据以下信息从多个角度回答问题。考虑不同的观点和可能性。如果信息不足,请指出并解释为什么。\n\n背景信息: {context_str}\n\n问题: {query_str}\n\n多角度分析:\n1."
)
```

```
prompts = {
    "基础提示模板": base_prompt,
    "思维链提示模板": cot_prompt,
    "多角度提示模板": multi_perspective_prompt
}
```

(3) 构建增强的查询引擎

现在，我们将结合指定的大模型、提示模板和检索器，构建一个增强的查询引擎。相关代码实现如下：

```
from llama_index.core import VectorStoreIndex, SimpleDirectoryReader
from llama_index.core.query_engine import RetrieverQueryEngine
from llama_index.core.postprocessor import SimilarityPostprocessor
from llama_index.core import (
    VectorStoreIndex,
    SimpleDirectoryReader,
    Settings,
)
from llama_index.embeddings.huggingface import HuggingFaceEmbedding

# 定义向量模型的路径
embed_model_path = "/home/work/var/data/ssr-share-data/m3e-base/"

# 将向量模型路径设置为全局配置
Settings.embed_model = HuggingFaceEmbedding(model_name=embed_model_path)

# 加载数据（复用 7.2 节中的数据）
documents = SimpleDirectoryReader('temp_docs').load_data()
vector_index = VectorStoreIndex.from_documents(documents)

# 构建增强的查询引擎
def get_enhanced_query_engine(llm, prompt, retriever):
    return RetrieverQueryEngine.from_args(
        retriever,
        llm=llm,
        text_qa_template=prompt,
        node_postprocessors=[SimilarityPostprocessor(similarity_
            cutoff=0.7)]
    )
```

(4) 比较不同模型和提示的效果

最后，为了比较不同模型和提示组合的效果，我们可以设计以下代码进行测试，下面的代码将打印出每个组合的响应时间和所生成的回答：

```
import time

# 定义测试问题集（复用7.2节中的问题集）
test_questions = [
    "哪些国家有著名的自然景观？",
    "有哪些建于公元前的历史遗迹？",
    "世界上最高的现代建筑是什么？",
    "哪些宗教场所最受游客欢迎？",
    "有哪些著名的桥梁地标？"
]

# 使用向量检索器
retriever = vector_index.as_retriever(similarity_top_k=3)

results = {}

for llm_name, llm in llm_dict.items():
    for prompt_name, prompt in prompts.items():
        key = f"{llm_name}-{prompt_name}"
        query_engine = get_enhanced_query_engine(llm, prompt,
            retriever)

        start_time = time.time()
        responses = []
        for question in test_questions:
            response = query_engine.query(question)
            responses.append(str(response))
        end_time = time.time()

        results[key] = {
            "responses": responses,
            "time": end_time - start_time
        }

# 打印结果
for key, result in results.items():
    print(f"模型-提示组合： {key}")
    print(f"响应时间： {result['time']:.2f} seconds")
```

```
for i, response in enumerate(result['responses']):
    print(f"问题{i+1}: {test_questions[i]}")
    print(f"回答{i+1}: {response[:200]}...")  # 打印前200个字符
print("-" * 50)
```

(5) 分析结果

运行上述代码后，我们可以对不同模型及其提示组合的效果进行比较与分析。首先，在模型性能方面，Qwen-14B-Chat 具备较强的深度理解能力，适合复杂场景；ChatGLM3-6B 针对中文进行了优化，因此在中文语境下的表现尤为出色；Qwen1.5-7B-Chat 作为 Qwen-7B 模型的改进版本，在一些特定任务上的表现更为出色。在提示策略上，基础提示适合处理低复杂度问题，思维链提示可生成详细且逻辑清晰的回答，适合处理多步推理问题，而多角度提示则更全面、周到，适合需要多方面分析的任务。

(6) 优化建议

根据分析结果，我们可以针对 RAG 系统的性能和生成质量提出以下几点优化建议。

- 引入模型集成策略：引入软投票或置信度加权等模型集成方法，综合多个模型的优势，进一步提高系统的生成表现。
- 动态选择提示模板：根据输入问题的类，自动选择最合适的提示模板。
- 优化上下文相关性：进一步优化检索模块的结果质量，确保提供给模型的上下文信息更为相关。
- 进行垂直领域微调：在垂直领域的数据集上对模型进行微调，以提高它们在特定任务上的表现。
- 优化推理效率：可以通过模型量化、批处理等技术提高推理阶段的效率。

7.3.2 小结

本节探讨了如何通过集成多种大模型并结合不同的提示策略,增强 RAG 系统的生成模块。通过比较不同模型和提示的组合,我们更清晰地了解了每种方法的优势及其适用场景。这一增强方案不仅提升了系统回答的质量,还为处理不同类型的查询提供了更大的灵活性。在实际应用中,可以根据具体需求和资源条件选择最合适的模型和提示策略,或通过动态选择机制适应不同类型的查询。

7.4 RAG 与知识图谱的结合实践

通过前几节的学习,我们已经掌握了如何通过优化检索策略和增强生成模块提升 RAG 系统的性能。然而,传统的 RAG 系统主要依赖于文本数据,可能难以捕捉实体间的复杂关系和层次结构。为了解决这个问题,本节我们将进一步探索如何将知识图谱与 RAG 系统结合,以提供更丰富、更结构化的知识支持。

7.4.1 代码实战

我们在前面已经使用过了地标数据集。本节将基于该数据集构建一个简单的知识图谱。首先,提取数据集中每个地标的信息,并将这些信息保存为 CSV 文件。接着使用 NetworkX 库来创建和操作图结构。

(1) 构建知识图谱

以下代码实现了从文本文件中提取信息并生成 CSV 文件的功能:

```
import os
import pandas as pd
import re
```

```python
def extract_info_from_file(file_path):
    with open(file_path, 'r', encoding='utf-8') as file:
        content = file.read()

    # 提取标题和内容
    title_match = re.search(r'^(.*?)\n', content)
    title = title_match.group(1) if title_match else ''

    content_match = re.search(r'\n\n(.*)', content, re.DOTALL)
    content = content_match.group(1) if content_match else ''

    # 提取国家、城市和年份
    country_match = re.search(r'^(.*?)的', title)
    country = country_match.group(1) if country_match else ''

    city_match = re.search(r'位于(.*?)，', content)
    city = city_match.group(1) if city_match else ''

    year_match = re.search(r'建于公元(\d+)年', content)
    year = year_match.group(1) if year_match else ''
    if year:
        year = int(year)
        if '公元前' in content:
            year = -year

    return {
        'title': title,
        'content': content,
        'country': country,
        'city': city,
        'year': year
    }

def generate_landmarks_csv(input_dir, output_file):
    data = []
    for filename in os.listdir(input_dir):
        if filename.endswith('.txt'):
            file_path = os.path.join(input_dir, filename)
            info = extract_info_from_file(file_path)
            data.append(info)

    df = pd.DataFrame(data)
    df.to_csv(output_file, index=False)
    print(f"已生成 {output_file}，包含 {len(df)} 条记录。")

# 生成 CSV 文件
generate_landmarks_csv('temp docs', 'landmarks_data.csv')
```

```
# 显示生成的 CSV 文件的前几行
df = pd.read_csv('landmarks_data.csv')
print(df.head())
```

接下来，我们将读取 CSV 文件中的数据，并使用 Python 的第三方库 NetworkX 来构建知识图谱。这一过程将从数据中提取国家和城市的信息，并在图中添加相应的节点和边。代码实现如下：

```
import networkx as nx
import pandas as pd
from pyvis.network import Network

def create_knowledge_graph(data):
    G = nx.Graph()
    for _, row in data.iterrows():
        title = row['title']
        content = row['content']
        # 提取国家和城市信息
        country = title.split('的')[0]
        city = content.split('位于')[1].split(',')[0]

        # 添加节点
        G.add_node(title, type='landmark')
        G.add_node(country, type='country')
        G.add_node(city, type='city')

        # 添加边
        G.add_edge(title, country, relation='located_in')
        G.add_edge(title, city, relation='located_in')
        G.add_edge(city, country, relation='part_of')

return G

# 读取之前生成的数据，假设我们之前将生成的数据保存为 CSV 文件
df = pd.read_csv('landmarks_data.csv')

# 创建知识图谱
kg = create_knowledge_graph(df)

print(f"知识图谱创建完成。节点数：{kg.number_of_nodes()}, 边数：
    {kg.number_of_edges()}")
```

基于上述代码，可以将知识图谱进行可视化，以更直观地了解地标、国家与城市之间的关系。代码实现如下：

```python
# 可视化知识图谱
def visualize_graph(G, filename='knowledge_graph.html'):
    net = Network(notebook=True, width="100%", height="500px")
    for node in G.nodes():
        net.add_node(node, label=node, title=G.nodes[node]['type'])
    for edge in G.edges():
        net.add_edge(edge[0], edge[1], title=G[edge[0]][edge[1]]
            ['relation'])
    net.save_graph(filename)
    print(f"知识图谱已保存为 {filename}")

visualize_graph(kg)
```

运行上述代码，打印出的知识图谱如图 7-1 所示。

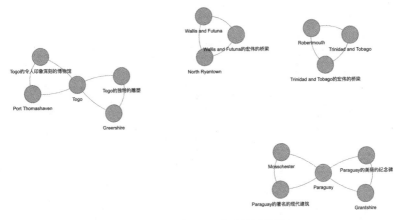

图 7-1　可视化知识图谱（局部截图）

(2) 将知识图谱集成到 RAG 系统中

构建了知识图谱之后，便可以将它集成到 RAG 系统中。为此，我们将创建一个自定义的增强检索器，它能够利用知识图谱来增强检索结果。以下代码实现了这一功能：

```python
from llama_index.core import Document
from llama_index.core.retrievers import BaseRetriever

from llama_index.core import VectorStoreIndex, SimpleDirectoryReader
from llama_index.embeddings.huggingface import HuggingFaceEmbedding

class KGEnhancedRetriever(BaseRetriever):
    def __init__(self, vector_retriever, knowledge_graph):
        self.vector_retriever = vector_retriever
        self.kg = knowledge_graph

    def _retrieve(self, query, **kwargs):
        # 首先使用向量检索器获取初始结果
        initial_results = self.vector_retriever._retrieve(query,
            **kwargs)

        enhanced_results = []
        for node in initial_results:
            # 获取与检索结果相关的知识图谱信息
            title = node.metadata.get('title', '')
            if title in self.kg:
                neighbors = list(self.kg.neighbors(title))
                kg_info = f"相关信息: {title} 关联到
                    {', '.join(neighbors)}."

                # 创建一个新的 Document 对象，包含原始内容和知识图谱信息
                enhanced_content = f"{node.text}\n\n{kg_info}"
                enhanced_node = Document(text=enhanced_content,
                    metadata=node.metadata)
                enhanced_results.append(enhanced_node)
            else:
                enhanced_results.append(node)

        return enhanced_results

# 加载文档数据
documents = SimpleDirectoryReader('temp_docs').load_data()

# 初始化向量模型
embed_model_path = "/home/work/var/data/ssr-share-data/m3e-base/"
embed_model = HuggingFaceEmbedding(model_name=embed_model_path)

# 创建向量索引并初始化增强检索器
vector_index = VectorStoreIndex.from_documents(documents,
    embed_model=embed_model)
kg_enhanced_retriever = KGEnhancedRetriever(vector_index.as_retriever
    (similarity_top_k=3), kg)
```

(3) 实现基于知识图谱的回答增强

接下来，我们将实现一个基于知识图谱的回答增强模块，利用知识图谱的推理机制，进一步提升 RAG 系统的回答能力。以下代码展示了如何基于知识图谱实现这一功能：

```python
import networkx as nx
from llama_index.core.query_engine import RetrieverQueryEngine
from llama_index.core.postprocessor import SimilarityPostprocessor

def kg_based_reasoning(query, kg, initial_entities):
    def find_path(start, end):
        try:
            path = nx.shortest_path(kg, start, end)
            return ' -> '.join(path)
        except nx.NetworkXNoPath:
            return None

    reasoning_results = []
    for entity in initial_entities:
        neighbors = list(kg.neighbors(entity))
        reasoning_results.append(f"实体：{entity}")
        reasoning_results.append(f"关联到：{', '.join(neighbors)}")

        # 寻找与查询相关的路径
        for neighbor in neighbors:
            path = find_path(entity, neighbor)
            if path:
                reasoning_results.append(f"从 {entity} 到 {neighbor} 的路径：{path}")

    return "\n".join(reasoning_results)

# 更新增强的查询引擎，结合知识图谱推理进行回答增强
def get_kg_enhanced_query_engine(llm, prompt, kg_enhanced_retriever, kg):
    def postprocess_response(response, query, kg):
        initial_entities = [node.metadata.get('title', '') for node
            in response.source_nodes]
        kg_reasoning = kg_based_reasoning(query, kg, initial_entities)
        return f"{response.response}\n\n来自知识图谱的补充信息：
            \n{kg_reasoning}"

    return RetrieverQueryEngine.from_args(
        kg_enhanced_retriever,
        llm=llm,
```

```
        text_qa_template=prompt,
        node_postprocessors=[
            SimilarityPostprocessor(similarity_cutoff=0.7),
            lambda x: postprocess_response(x, x.query, kg)
        ]
    )
```

(4) 评估知识图谱对 RAG 性能的影响

在引入知识图谱推理机制后，可以通过一系列测试来评估 RAG 系统的性能的提升。具体来说，我们将使用不同的大模型和提示模板，测试它们在结合知识图谱推理机制后的表现。首先使用以下代码定义相关函数：

```python
from llama_index.llms.huggingface import HuggingFaceLLM

# 定义提示生成函数
def messages_to_prompt(messages):
    prompt = ""
    for message in messages:
        if message.role == 'system':
            prompt += f"<|system|>\n{message.content}</s>\n"
        elif message.role == 'user':
            prompt += f"<|user|>\n{message.content}</s>\n"
        elif message.role == 'assistant':
            prompt += f"<|assistant|>\n{message.content}</s>\n"

    # 确保对话以系统提示开头，如果缺少系统提示，则插入默认提示
    if not prompt.startswith("<|system|>\n"):
        prompt = "<|system|>\n</s>\n" + prompt

    # 添加助手提示
    prompt = prompt + "<|assistant|>\n"

    return prompt

# 将大模型生成的结果转换为提示格式
def completion_to_prompt(completion):
    return f"<|system|>\n</s>\n<|user|>\n{completion}</s>\n<|assistant|>\n"

def get_llm(model_name):
    llm = HuggingFaceLLM(
        model_name=model_name,
```

```
        tokenizer_name=model_name,
        context_window=3900,
        max_new_tokens=256,
        model_kwargs={"trust_remote_code": True},
        generate_kwargs={"temperature": 0.7, "top_k": 50, "top_p": 0.95,
            "pad_token_id": 151645},
        messages_to_prompt=messages_to_prompt,
        completion_to_prompt=completion_to_prompt,
        device_map="auto",
    )
    return llm
```

然后，我们以 Qwen-14B-Chat、ChatGLM3-6B 和 Qwen1.5-7B 这三个大模型为例，结合不同的提示模板进行测试。初始化这些大模型及提示模板的代码如下：

```
# 初始化三个大模型
base_path = "/home/work/var/data/ssr-share-data/"
qwen_14b = get_llm(base_path + "Qwen-14B-Chat")
chatglm3 = get_llm(base_path + "chatglm3-6b")
qwen_7b = get_llm(base_path + "Qwen1.5-7B-Chat")

llm_dict = {
    "Qwen-14B": qwen_14b,
    "ChatGLM3-6B": chatglm3,
    "Qwen1.5-7B": qwen_7b
}
from llama_index.core import PromptTemplate

# 基础提示模板
base_prompt = PromptTemplate(
    "请根据以下信息回答问题。如果无法从给定信息中找到答案，请说'我没有足够的信息来回答这个问题'。\n\n 背景信息: {context_str}\n\n 问题: {query_str}\n\n 回答: "
)

# 思维链提示模板
cot_prompt = PromptTemplate(
    "请根据以下信息回答问题。在给出最终答案之前，请先逐步分析你的思考过程。如果无法从给定信息中找到答案，请解释为什么。\n\n 背景信息: {context_str}\n\n 问题: {query_str}\n\n 思考过程:\n1."
)

# 多角度提示模板
multi_perspective_prompt = PromptTemplate(
```

```
"请根据以下信息从多个角度回答问题。考虑不同的观点和可能性。如果信息不
足,请指出并解释为什么。\n\n 背景信息: {context_str}\n\n 问题:
{query_str}\n\n 多角度分析:\n1."
)

prompts = {
    "基础提示模板": base_prompt,
    "思维链提示模板": cot_prompt,
    "多角度提示模板": multi_perspective_prompt
}
```

接着基于上述大模型和提示模板,使用之前定义的测试问题集进行测试,进而对比不同提示模板和大模型组合下的效果差异,并将结果打印出来。测试代码如下:

```
import time

# 使用之前定义的测试问题集
test_questions = [
    "哪些国家有著名的自然景观?",
    "有哪些建于公元前的历史遗迹?",
    "世界上最高的现代建筑是什么?",
    "哪些宗教场所最受游客欢迎?",
    "有哪些著名的桥梁地标?"
]

results = {}

for llm_name, llm in llm_dict.items():
    for prompt_name, prompt in prompts.items():
        key = f"{llm_name}-{prompt_name}-KG"
        query_engine = get_kg_enhanced_query_engine(llm, prompt,
            kg_enhanced_retriever, kg)
        
        start_time = time.time()
        responses = []
        for question in test_questions:
            response = query_engine.query(question)
            responses.append(str(response))
        end_time = time.time()
        
        results[key] = {
            "responses": responses,
            "time": end_time - start_time
        }
```

```python
# 打印结果
for key, result in results.items():
    print(f"大模型-提示模板-知识图谱: {key}")
    print(f"总时间: {result['time']:.2f} 秒")
    for i, response in enumerate(result['responses']):
        print(f"问题{i+1}: {test_questions[i]}")
        print(f"回答{i+1}: {response[:300]}...")  # 打印前300个字符
    print("-" * 50)
```

我们已经通过 NetworkX 构建了知识图谱，同时定义了可选的大模型和不同提示模板。接下来，我们将要实现一个结合知识图谱的检索器 KGEnhancedRetriever，通过它在知识图谱中进行检索工作。这一检索器的实现代码如下：

```python
from llama_index.core import VectorStoreIndex,
    SimpleDirectoryReader, Document
from llama_index.core.retrievers import BaseRetriever
from llama_index.core.postprocessor import SimilarityPostprocessor
from llama_index.core.query_engine import RetrieverQueryEngine
from typing import List
import networkx as nx
import pandas as pd
import time

# 假设我们已经准备好了知识图谱 kg 以及之前定义的 llm_dict 和 prompts
class KGEnhancedRetriever(BaseRetriever):
    def __init__(self, vector_retriever, knowledge_graph):
        self.vector_retriever = vector_retriever
        self.kg = knowledge_graph

    def _retrieve(self, query, **kwargs):
        initial_results = self.vector_retriever.retrieve(query,
            **kwargs)
        enhanced_results = []
        for node in initial_results:
            title = node.metadata.get('title', '')
            if title in self.kg:
                neighbors = list(self.kg.neighbors(title))
                kg_info = f"相关信息: {title} 关联到
                    {', '.join(neighbors)}."
                enhanced_content = f"{node.text}\n\n{kg_info}"
                enhanced_node = Document(text=enhanced_content,
                    metadata=node.metadata)
```

```python
            enhanced_results.append(enhanced_node)
        else:
            enhanced_results.append(node)
    return enhanced_results

def kg_based_reasoning(query, kg, initial_entities):
    def find_path(start, end):
        try:
            path = nx.shortest_path(kg, start, end)
            return ' -> '.join(path)
        except nx.NetworkXNoPath:
            return None

    reasoning_results = []
    for entity in initial_entities:
        neighbors = list(kg.neighbors(entity))
        reasoning_results.append(f"实体: {entity}")
        reasoning_results.append(f"关联到: {', '.join(neighbors)}")

        for neighbor in neighbors:
            path = find_path(entity, neighbor)
            if path:
                reasoning_results.append(f"从 {entity} 到 {neighbor}
                    的路径: {path}")

    return "\n".join(reasoning_results)

def get_kg_enhanced_query_engine(llm, prompt, kg_enhanced_
    retriever, kg):
    def postprocess_response(response, query):
        initial_entities = [node.metadata.get('title', '')
            for node in response.source_nodes]
        kg_reasoning = kg_based_reasoning(query, kg, initial_entities)
        return f"{response.response}\n\n 来自知识图谱的补充信息:
            \n{kg_reasoning}"

    return RetrieverQueryEngine.from_args(
        retriever=kg_enhanced_retriever,
        llm=llm,
        text_qa_template=prompt,
        node_postprocessors=[SimilarityPostprocessor(similarity_
            cutoff=0.7)],
        response_mode="compact",
        # 使用一个回调函数来后处理结果
        callback_manager=None,
        use_async=False,
        streaming=False,
```

```python
    # 添加一个自定义的后处理步骤
    custom_postprocessors=[
        lambda x: postprocess_response(x, x.query_str)
    ]
)
```

最后，我们同样通过测试问题集验证该检索器的效果。测试代码如下：

```python
# 假设我们已经有了向量索引 vector_index 以及知识图谱 kg
kg_enhanced_retriever = 
KGEnhancedRetriever(vector_index.as_retriever(similarity_top_k=3), kg)

# 测试问题集
test_questions = [
    "哪些国家有著名的自然景观？",
    "有哪些建于公元前的历史遗迹？",
    "世界上最高的现代建筑是什么？",
    "哪些宗教场所最受游客欢迎？",
    "有哪些著名的桥梁地标？"
]

results = {}

for llm_name, llm in llm_dict.items():
    for prompt_name, prompt in prompts.items():
        key = f"{llm_name}-{prompt_name}-KG"
        query_engine = get_kg_enhanced_query_engine(llm, prompt,
            kg_enhanced_retriever, kg)

        start_time = time.time()
        responses = []
        for question in test_questions:
            response = query_engine.query(question)
            responses.append(str(response))
        end_time = time.time()

        results[key] = {
            "responses": responses,
            "time": end_time - start_time
        }

# 打印结果
for key, result in results.items():
    print(f"大模型-提示模板-知识图谱: {key}")
    print(f"总时间: {result['time']:.2f} seconds")
```

```
for i, response in enumerate(result['responses']):
    print(f"问题{i+1}: {test_questions[i]}")
    print(f"回答{i+1}: {response[:300]}...")  # 打印前300个字符
print("-" * 50)
```

(5) 分析知识图谱增强的效果

通过比较引入知识图谱前后的 RAG 系统性能，我们可以得出以下结论。首先，大模型的回答质量得到了显著提升。知识图谱增强后的回答通常包含更多结构化信息，如地标之间的关系、地理位置等，因此能生成更加全面和深入的答案。其次，系统的推理能力也得到了增强。利用知识图谱，系统能够进行简单的推理，如找出相关地标或国家之间的联系。此外，知识图谱在错误处理方面也展现出其优势，它可以帮助系统更好地处理模糊或不完整的查询，提供相关的上下文信息。尽管引入知识图谱可能会略微增加处理时间，但这一问题通常可以通过优化图查询算法来缓解。

通过这个实践，我们看到了知识图谱如何增强 RAG 系统的能力。它不仅提供了额外的结构化知识，还使系统能够进行更复杂的推理。RAG 与知识图谱的结合特别适合应用于需要深入理解实体关系的应用场景，如旅游推荐、历史研究或复杂的知识问答系统。在实际应用中，我们可以进一步优化知识图谱的构建过程，引入更多的关系类型和属性，甚至考虑使用现有的大规模知识库（如维基百科）来增强系统的知识基础。同时，我们也需要注意平衡知识图谱的复杂度和查询效率，以确保系统的实用性。

7.4.2 小结

在本节中，我们探索了如何将知识图谱与 RAG 系统结合。通过集成知识图谱，我们不仅增强了系统的知识表示能力，还提升了其推理和关联分析的能力。这种结合为处理复杂查询开辟了新的可能性，同时也为未来的优化和扩展奠定了基础。

7.5 多模态 RAG

在前面几个小节中,我们探讨了如何优化 RAG 系统的检索和生成模块,并将知识图谱集成到 RAG 系统中。现在,我们将进一步扩展 RAG 系统,使它能够处理多模态数据,特别是结合文本和图像的信息。多模态 RAG 系统能够理解和处理更丰富的信息,从而提供更全面、更具洞察力的回答。本节将基于 LlamaIndex 框架来实现一个多模态系统。

7.5.1 代码实战

(1) 准备多模态数据集

首先,我们需要准备一个包含文本和图像的多模态数据集。这里使用 wikipedia 包来构建数据集,以下是用于下载文本和图片数据的代码示例:

```python
import wikipedia
import urllib.request
from pathlib import Path

# 定义要下载的文章标题
wiki_titles = [
    "San Francisco",
    "Batman",
    "Vincent van Gogh",
    "iPhone",
    "Tesla Model S",
    "BTS band",
]

# 设置数据存储路径
data_path = Path("data_wiki")
if not data_path.exists():
    Path.mkdir(data_path)
```

```python
# 下载文本数据
for title in wiki_titles:
    page = wikipedia.page(title)
    with open(data_path / f"{title}.txt", "w", encoding="utf-8") as fp:
        fp.write(page.content)

# 下载图片数据
image_path = data_path / "images"
if not image_path.exists():
    Path.mkdir(image_path)

image_metadata_dict = {}
image_uuid = 0
MAX_IMAGES_PER_WIKI = 30

for title in wiki_titles:
    page = wikipedia.page(title)
    for i, url in enumerate(page.images):
        if url.endswith(".jpg") or url.endswith(".png"):
            image_uuid += 1
            image_file_name = f"{title}_{image_uuid}.jpg"
            image_metadata_dict[image_uuid] = {
                "filename": image_file_name,
                "img_path": str(image_path / image_file_name),
            }
            urllib.request.urlretrieve(url, image_path / 
                image_file_name)
            if i >= MAX_IMAGES_PER_WIKI:
                break

print(f"Downloaded {len(image_metadata_dict)} images.")
```

执行以上代码，下载指定维基百科文章的文本内容和相关图片，构建一个多模态数据集。

(2) 构建多模态向量存储

接下来，我们将使用 LlamaIndex 来构建多模态向量存储，为文本和图像分别创建索引。以下是实现多模态向量存储的代码示例：

```
import os
from llama_index.core import SimpleDirectoryReader, StorageContext
from llama_index.vector_stores.qdrant import QdrantVectorStore
from llama_index.core.indices import MultiModalVectorStoreIndex
```

```python
import qdrant_client

# 设置 OpenAI API 密钥
os.environ["OPENAI_API_KEY"] = "YOUR_API_KEY"

# 创建 Qdrant 客户端
client = qdrant_client.QdrantClient(path="qdrant_db")

# 为文本和图像创建单独的向量存储
text_store = QdrantVectorStore(client=client,
collection_name="text_collection")
image_store = QdrantVectorStore(client=client,
collection_name="image_collection")

# 创建存储上下文
storage_context = StorageContext.from_defaults(
    vector_store=text_store, image_store=image_store
)

# 加载文档
documents = SimpleDirectoryReader("./data_wiki/").load_data()

# 创建多模态索引
index = MultiModalVectorStoreIndex.from_documents(
    documents,
    storage_context=storage_context,
)

print("多模态索引创建完成。")
```

以上代码使用 Qdrant 作为向量存储,为文本和图像分别创建了独立的集合,然后使用 LlamaIndex 的 `MultiModalVectorStoreIndex` 类来创建多模态索引。

(3) 实现多模态检索

在创建了多模态索引之后,我们就可以实现一个能够同时检索文本和图像的查询引擎了。以下是实现该功能的代码示例:

```python
from llama_index.core.schema import ImageNode
from llama_index.core.response.notebook_utils import
    display_source_node
```

```python
import matplotlib.pyplot as plt
from PIL import Image

def plot_images(image_paths):
    plt.figure(figsize=(16, 9))
    for i, img_path in enumerate(image_paths[:6]):
        if os.path.isfile(img_path):
            image = Image.open(img_path)
            plt.subplot(2, 3, i + 1)
            plt.imshow(image)
            plt.axis('off')
    plt.tight_layout()
    plt.show()

def multimodal_query(query, index, top_k=3):
    retriever = index.as_retriever(similarity_top_k=top_k,
        image_similarity_top_k=5)
    retrieval_results = retriever.retrieve(query)

    retrieved_images = []
    for res_node in retrieval_results:
        if isinstance(res_node.node, ImageNode):
            retrieved_images.append(res_node.node.metadata
                ["file_path"])
        else:
            display_source_node(res_node, source_length=200)

    plot_images(retrieved_images)

# 测试多模态查询
test_query = "BTS 团队成员是谁, 他们的外貌是怎样的? "
multimodal_query(test_query, index)
```

`multimodal_query` 函数能够同时检索相关的文本片段和图像并显示结果。其中, 文本结果会直接打印, 图像结果会以可视化的形式展示。

(4) 评估多模态 RAG 系统效果

为了评估多模态 RAG 系统的效果, 我们可以创建一系列涉及文

本和图像的测试问题,并进行查询评估。用于测试系统效果的代码示例如下:

```
test_questions = [
    "描述旧金山的建筑风格,并展示一些标志性建筑。",
    "文森特·梵高最著名的画作有哪些,它们看起来如何?",
    "介绍一下 iPhone 设计的演变过程。",
    "特斯拉 Model S 的主要特点是什么,它的外观如何?",
    "BTS 的成员是谁,他们各自的风格是怎样的?"
]

for question in test_questions:
    print(f"查询: {question}")
    multimodal_query(question, index)
    print("-" * 50)
```

以上代码将帮助我们评估多模态 RAG 系统在处理复杂问题时的表现。查询的问题不仅涉及纯文本内容,还包括与图像相关的信息。因此系统需要同时理解多种数据模态,并给出包含文本信息和视觉信息的完整输出。

7.5.2 多模态 RAG 的优势和局限性

通过运行上述代码并分析结果,我们就可以观察到多模态 RAG 在信息丰富性、视觉理解能力和上下文分析等方面的显著优势。首先,通过结合文本描述和视觉特征,多模态 RAG 能够提供比纯文本 RAG 更全面的回答。这种结合也提高了系统的交互性,用户在通过文字描述查询时,还能获取相关的视觉信息,使得信息传递更加高效。

此外,多模态系统能够在某些场景下更好地理解上下文。通过结合图像和文本信息,系统可以更好地理解问题的上下文,提供更贴切的回答。例如,当用户查询某位艺术家的作品时,系统不仅会返回这些作品的文本描述,还会同时展示它们的图像。这种跨模态关联能力大大增强了回答的深度和说服力。

然而，多模态 RAG 仍然存在一些局限性。例如，系统的表现仍然受限于底层模型的能力和训练数据的质量，当问题涉及深度图像处理（如识别图像中的细节特征）时，系统可能表现不佳。此外，检索到的图像可能并不总是与问题完全相关，检索机制还需要进一步的优化。

7.5.3 优化和扩展建议

为了解决上述局限性并进一步提升 RAG 系统的性能，我们提出以下优化和扩展的建议。

- 图像理解增强：集成更先进的计算机视觉模型，以提高系统对图像内容的理解能力。
- 跨模态预训练：使用大规模的图文对数据进行预训练，以增强模型的跨模态理解能力。
- 查询意图分析：开发更精确的查询意图分析模块，以便更准确地判断何时需要检索图像。
- 动态权重调整：根据查询的性质动态调整文本和图像检索结果的权重。
- 用户反馈机制：引入用户反馈机制，让系统能够从用户的交互中学习和改进。
- 多语言支持：扩展系统以支持多种语言的查询和回答。
- 交互式图像探索：允许用户对检索到的图像进行进一步的查询和探索。
- 时间敏感性：考虑信息的时效性，特别是对于像 iPhone 这样快速迭代的产品。

7.5.4 小结

在本节中，我们实现了一个基于 LlamaIndex 的多模态 RAG 系统，能够同时处理文本和图像数据。相比仅处理文本的 RAG 系统，多模态 RAG 系统展现出显著的优势。通过整合文本和图像数据，它在面对复杂问题时表现出色，能够为用户提供更全面的回答。这一系统不仅提升了用户体验，还提高了信息获取的效率。

多模态 RAG 系统是 RAG 技术的又一个重要里程碑。它展示了如何将不同类型的信息整合到一个统一的框架中。在未来的研究中，我们可以进一步探索如何将更多类型的数据（如音频、视频等）整合到 RAG 系统中，以创造更加强大和通用的智能问答系统。

7.6 RAG 系统优化与调试

我们已经构建了一个基础的 RAG 系统，并将它扩展到了多模态领域。本节将探讨如何进一步优化 RAG 系统的性能，提高检索结果的质量，以及如何对系统进行有效的调试。同样地，这里将使用 LlamaIndex 最新版本的工具和技术来实现这些目标。

7.6.1 性能优化

RAG 系统的性能主要受到两个因素的影响：检索速度和生成质量。我们将从这两个方面入手进行优化。

1. 检索速度优化

为了提高检索速度，可以先从向量数据库的选择开始。LlamaIndex 支持多种向量数据库，每种数据库在性能和适用场景上各有特色。以下是创建不同向量数据库客户端和索引的示例代码：

```python
from llama_index.vector_stores.chroma import ChromaVectorStore
from llama_index.vector_stores.faiss import FaissVectorStore
from llama_index.vector_stores.pinecone import PineconeVectorStore

from llama_index.core import VectorStoreIndex
import time
import chromadb
import faiss
from llama_index.embeddings.huggingface import HuggingFaceEmbedding
from llama_index.core import SimpleDirectoryReader
from llama_index.llms.huggingface import HuggingFaceLLM

# 创建 Chroma 客户端
chroma_client = chromadb.EphemeralClient()
chroma_collection =
chroma_client.create_collection("example_collection")

# 创建 FAISS 的索引
d = 1536  # 向量维度
faiss_index = faiss.IndexFlatL2(d)

# 加载文档
documents = SimpleDirectoryReader("./temp_docs/").load_data()

vector_stores = {
    "Chroma": ChromaVectorStore(chroma_collection=chroma_collection),
    "FAISS": FaissVectorStore(faiss_index=faiss_index),
    "Pinecone": PineconeVectorStore(api_key="你的 API 密钥",
        environment="你的环境名称")
}
```

对于模型的加载，可以使用阿里的 ModelScope 平台直接加载，也可以将模型下载到本地进行加载。加载模型并进行初始化的示例代码如下：

```python
# 加载本地模型
embed_model_path = "/home/work/m3e-base/"
llm_model_path = "/home/work/var/Qwen1.5-7B-Chat/"

# 初始化向量模型
embed_model = HuggingFaceEmbedding(model_name=embed_model_path)

# 初始化大模型
def messages_to_prompt(messages):
```

```python
prompt = ""
for message in messages:
    if message.role == 'system':
        prompt += f"<|system|>\n{message.content}</s>\n"
    elif message.role == 'user':
        prompt += f"<|user|>\n{message.content}</s>\n"
    elif message.role == 'assistant':
        prompt += f"<|assistant|>\n{message.content}</s>\n"

# 添加系统提示
if not prompt.startswith("<|system|>\n"):
    prompt = "<|system|>\n</s>\n" + prompt

# 添加助手提示
prompt = prompt + "<|assistant|>\n"

return prompt

def completion_to_prompt(completion):
    return f"<|system|>\n</s>\n<|user|>\n{completion}</s>\n \
        <|assistant|>\n"

llm = HuggingFaceLLM(
    model_name=llm_model_path,
    tokenizer_name=llm_model_path,
    context_window=3900,
    max_new_tokens=256,
    generate_kwargs={"temperature": 0.7, "top_k": 50, "top_p": 0.95,
        "pad_token_id": 151645},
    messages_to_prompt=messages_to_prompt,
    completion_to_prompt=completion_to_prompt,
    device_map="auto",
)
```

在加载和初始化模型之后，我们需要对模型进行测试，以确保其正确加载并能够生成预期的输出。此外，我们还将评估不同的向量存储方案在构建和查询过程中的性能，并将结果以表格形式打印出来。示例代码如下：

```python
# 测试大模型的输出
response = llm.complete("What is the meaning of life?")
print(str(response))
```

```
results = {}

# 测试不同向量存储方案的构建和查询性能
for name, store in vector_stores.items():
    start_time = time.time()
    index = VectorStoreIndex.from_documents(documents,
        vector_store=store, embed_model=embed_model)
    build_time = time.time() - start_time

    start_time = time.time()
    query_engine = index.as_query_engine(llm=llm)
    response = query_engine.query("What is RAG?")
    query_time = time.time() - start_time

    results[name] = {
        "build_time": build_time,
        "query_time": query_time
    }

# 打印结果表格
from tabulate import tabulate

table = [[name, data["build_time"], data["query_time"]] for name,
    data in results.items()]
headers = ["向量存储", "构建时间 (s)", "查询时间 (s)"]
print(tabulate(table, headers=headers, tablefmt="grid"))
```

对于包含大量文档的数据集，我们可以使用批量处理的方式来提高索引构建的速度。以下是实现批量处理的示例代码：

```
from llama_index.core import VectorStoreIndex
from llama_index.core.ingestion import IngestionPipeline
from llama_index.core.node_parser import SentenceSplitter

# 创建摄入管道
pipeline = IngestionPipeline(
    transformations=[
        SentenceSplitter(chunk_size=1024),
        embed_model
        # 可以添加其他转换步骤
    ],
    vector_store=ChromaVectorStore(chroma_collection=
        chroma_collection),
    # vector_store=FaissVectorStore(faiss_index=faiss_index),
)
```

7.6 RAG 系统优化与调试

```
# 批量处理文档
batch_size = 10
for i in range(0, len(documents), batch_size):
    batch = documents[i:i+batch_size]
    pipeline.run(batch)

# 创建索引
index = VectorStoreIndex.from_vector_store(pipeline.vector_store)
index = VectorStoreIndex.from_documents(documents, vector_store=
    store, embed_model=embed_model)
```

2. 生成质量优化

优化提示词可以显著提高生成质量。以下是实现提示工程的示例：

```
from llama_index.core.prompts import PromptTemplate
from llama_index.core import get_response_synthesizer
from llama_index.core.query_engine import RetrieverQueryEngine

template = (
    "根据给定的上下文，回答问题。"
    "如果答案不在上下文中，请回答"我没有足够的信息来回答这个问题。"\n"
    "上下文: {context_str}\n"
    "问题: {query_str}\n"
    "回答: "
)

qa_template = PromptTemplate(template)

query_engine = index.as_query_engine(text_qa_template=qa_template,
    llm=llm)
prompts_dict = query_engine.get_prompts()
print(list(prompts_dict.keys()))

query_engine.query("Papua New Guinea 的迷人的公园")
```

我们可以尝试使用不同的大模型并比较它们的性能，以选择最符合我们需求的大模型。比较不同大模型的示例代码如下：

```
from llama_index.llms import OpenAI, Anthropic, HuggingFaceLLM

llms = {
    "GPT-3.5": OpenAI(model="gpt-3.5-turbo"),
    "GPT-4": OpenAI(model="gpt-4"),
    "Claude": Anthropic(model="claude-2"),
```

```
    "llama-2": HuggingFaceLLM(model_name="meta-llama/llama-2-7b-
        chat-hf")
}
results = {}

for name, llm in llms.items():
    query_engine = index.as_query_engine(llm=llm)
    start_time = time.time()
    response = query_engine.query("详细解释RAG的概念。")
    query_time = time.time() - start_time

    results[name] = {
        "query_time": query_time,
        "response_length": len(str(response))
    }

# 打印结果表格
table = [[name, data["query_time"], data["response_length"]]
    for name, data in results.items()]
headers = ["大模型名称", "查询时间 (s)", "回答长度"]
print(tabulate(table, headers=headers, tablefmt="grid"))
```

7.6.2　检索结果质量提升

为了提升 RAG 系统的检索结果质量，我们可以从两个方面进行优化：调整上下文窗口大小和使用重排序器。

1. 调整上下文窗口大小

上下文窗口的大小会影响检索结果的质量。我们可以尝试不同的窗口大小并比较结果，从而更好地调整上下文窗口大小。示例代码如下：

```
from llama_index.core import VectorStoreIndex
from llama_index.core.query_engine import RetrieverQueryEngine

context_window_sizes = [1024, 2048, 4096]
results = {}

for size in context_window_sizes:
    retriever = index.as_retriever(similarity_top_k=3)
```

```python
query_engine = RetrieverQueryEngine.from_args(retriever,
    context_window=size)

response = query_engine.query("解释RAG系统的优势和劣势。")

results[size] = {
    "response_length": len(str(response)),
    "response": str(response)[:100] + "..."  # 只显示前100个字符
}

# 打印检索结果的表格
table = [[size, data["response_length"], data["response"]]
    for size, data in results.items()]
headers = ["上下文窗口大小", "回答长度", "回答预览"]
print(tabulate(table, headers=headers, tablefmt="grid"))
```

2. 使用重排序器

重排序器可用于重新排列检索结果，使与查询最相关的内容排在前面，进一步提高检索结果的相关性，以下是实现这一功能的示例代码：

```python
from llama_index.core.postprocessor import SentenceTransformerRerank

reranker_model = 
"/home/work/var/data/ssr-share-data/bge-reranker-large/"
reranker = SentenceTransformerRerank(model=reranker_model, top_n=2)

retriever = index.as_retriever(similarity_top_k=5)
query_engine = RetrieverQueryEngine.from_args(
    retriever,
    node_postprocessors=[reranker],
    llm=llm
)

response = query_engine.query("RAG系统的主要组成部分是什么？")
print(response)
```

7.6.3 系统调试

系统调试是确保RAG系统性能达到预期的重要步骤。在调试过程中，我们可以借助LlamaIndex提供的评估框架和工具，深入理解系统的行为并进行有效的优化。

(1) 使用评估框架

LlamaIndex 提供的评估框架能够评估 RAG 系统的性能。以下代码展示了如何使用这一框架来评估系统的忠实度和相关性：

```python
from llama_index.core import VectorStoreIndex
from llama_index.core.evaluation import (
    DatasetGenerator,
    FaithfulnessEvaluator,
    RelevancyEvaluator,
    BatchEvalRunner,
)
import nest_asyncio
nest_asyncio.apply()

# 设置 OpenAI API 密钥
# os.environ["OPENAI_API_KEY"] = "your_openai_api_key_here"

# 加载文档
# documents = SimpleDirectoryReader("path_to_your_documents").
    load_data()

# 创建索引
index = VectorStoreIndex.from_documents(documents, embed_model=
    embed_model)

# 创建查询引擎
query_engine = index.as_query_engine(llm=llm)

# 创建数据集生成器
data_generator = DatasetGenerator.from_documents(documents, llm=llm)

# 生成评估数据集
eval_dataset = data_generator.generate_questions_from_nodes(num=10)

# 创建评估器
faithfulness_evaluator = FaithfulnessEvaluator(llm=llm)
relevancy_evaluator = RelevancyEvaluator(llm=llm)

# 创建批量评估运行器
eval_runner = BatchEvalRunner(
```

```
{"忠实度": faithfulness_evaluator, "相关性": relevancy_evaluator},
    workers=2,
)
eval_results = await eval_runner.aevaluate_queries(
    index.as_query_engine(llm=llm), queries=eval_dataset
)

print(eval_results.keys())

print(eval_results["忠实度"][0].dict().keys())

print(eval_results["忠实度"][0].passing)
print(eval_results["忠实度"][0].response)
print(eval_results["忠实度"][0].contexts)
```

(2) 查看检索的节点

为了理解系统为什么给出了特定的回答，我们可以通过查看系统检索到的节点来分析它的决策过程。示例代码如下：

```
response = query_engine.query("RAG 系统中检索器的作用是什么？")

print("检索节点:")
for node in response.source_nodes:
    print(f"节点内容: {node.node.text[:100]}...")
    # 只显示前 100 个字符
    print(f"相似性得分: {node.score}")
    print("-" * 50)

print(f"最终答案: {response}")
```

(3) 错误分析

当系统给出错误或不满意的答案时，我们可以通过以下代码进行错误分析：

```
def analyze_error(query, response, expected_answer):
    print(f"查询: {query}")
    print(f"系统回答: {response}")
    print(f"预期答案: {expected_answer}")

    # 分析检索结果
    print("检索到的节点: ")
    for node in response.source_nodes:
```

```python
        print(f"节点内容: {node.node.text[:100]}...")
        print(f"相似性得分: {node.score}")
    
    # 分析生成过程
    print(f"使用的大模型: {query_engine.llm.__class__.__name__}")
    print(f"提示模板: {query_engine._query_engine.text_qa_template.
        template}")
    
    # 提出改进建议
    print("改进建议:")
    print("1. 检查相关信息是否存在于知识库中。")
    print("2. 调整检索器的 similarity_top_k 参数。")
    print("3. 调整提示模板")
    print("4. 考虑使用能力更强的大模型。")

# 使用示例
query = "RAG 系统的局限性是什么? "
response = query_engine.query(query)
expected_answer = "RAG 系统可能在处理复杂推理任务时有困难。"

analyze_error(query, response, expected_answer)
```

7.6.4 持续优化策略

为了持续优化 RAG 系统,我们可以采取以下策略。

- A/B 测试:对不同的配置进行 A/B 测试,评估其对系统性能和检索结果质量的影响,找到最佳设置。
- 监控关键指标:持续监控系统的关键性能指标,如查询延迟、相关性得分等。
- 用户反馈收集:收集并分析用户反馈,了解他们在使用过程中的问题和需求,从而发现系统的不足之处并加以改进。
- 定期更新知识库:定期检查和更新知识库中的内容,确保其与最新信息同步。
- 模型微调:针对特定领域的数据对大模型进行微调,以增强其在特定任务上的表现。

7.6.5 小结

本节深入探讨了 RAG 系统的优化和调试技术。我们可以通过选择不同的向量数据库和大模型来提高系统的检索速度和生成质量。同时,本节还讨论了如何使用 LlamaIndex 提供的工具进行系统评估和调试。

这些优化和调试技术不仅适用于基础的 RAG 系统,也可以应用于前面讨论过的多模态 RAG 系统。在实际应用中,我们需要根据具体的用户需求选择合适的优化策略,并进行持续的测试和改进。

7.7 构建端到端的 RAG 应用

在本章前面的几节中,我们已经深入探讨了 RAG 系统的各个组成部分,包括数据准备、索引构建、检索优化、多模态集成以及系统调试。现在,我们将把这些知识整合起来,构建一个端到端的 RAG 应用。本节将以基于 DeepSeek R1 的智能旅游助手为例,展示如何构建一个简单而完整的 RAG 应用。

7.7.1 代码实战

(1) 架构设计

首先,我们需要明确该智能旅游助手的架构设计,主要涉及以下几个方面。

- ❏ 数据收集与预处理:收集旅游目的地的文本描述和相关图片。
- ❏ 索引构建:为文本和图像数据构建多模态索引。
- ❏ 查询处理:接收用户查询,进行文本和图像的检索及结果生成。
- ❏ 结果展示:以文本和图像的形式向用户呈现查询结果。

❑ 用户反馈：收集用户反馈，以持续优化和改进系统。

(2) 数据收集与预处理

我们将使用一些热门的旅游目的地作为数据源，抓取这些目的地的维基百科页面内容，并获取相应的图片。以下代码展示了如何使用维基百科 API 进行数据收集与预处理：

```python
import wikipedia
import requests
from pathlib import Path
from llama_index.core import SimpleDirectoryReader, Document

destinations = [
    "巴黎", "东京", "纽约", "罗马", "悉尼",
    "巴塞罗那", "迪拜", "巴厘岛", "伦敦", "马丘比丘"
]

data_path = Path("travel_data")
data_path.mkdir(exist_ok=True)

def fetch_destination_data(destination):
    # 获取维基百科页面内容
    page = wikipedia.page(destination)
    text_content = page.content

    # 保存文本内容
    with open(data_path / f"{destination}.txt", "w", encoding="utf-8") as f:
        f.write(text_content)

    # 下载图片（这里只下载第一张图片作为示例）
    image_url = page.images[0]
    image_path = data_path / f"{destination}.jpg"
    response = requests.get(image_url)
    with open(image_path, "wb") as f:
        f.write(response.content)

    return Document(text=text_content, metadata={"image":
        str(image_path), "title": destination})

documents = [fetch_destination_data(dest) for dest in destinations]
print(f"已收集 {len(documents)} 个目的地的数据。")
```

(3) 构建多模态索引

在所需的文本和图像数据均收集完毕后，我们将基于这些数据构建一个多模态索引。使用 LlamaIndex 构建多模态索引的示例代码如下：

```python
from llama_index.core import Settings
from llama_index.core.node_parser import SimpleNodeParser
from llama_index.vector_stores import ChromaVectorStore
from llama_index.core.indices import MultiModalVectorStoreIndex
from llama_index.core.storage import StorageContext
from llama_index.embeddings.openai import OpenAIEmbedding

# 设置 OpenAI API 密钥
import os
os.environ["OPENAI_API_KEY"] = "your_openai_api_key_here"

# 配置全局设置
Settings.embed_model = OpenAIEmbedding()
Settings.node_parser = SimpleNodeParser.from_defaults(chunk_size=
    1024, chunk_overlap=20)

# 创建 Chroma 向量存储
vector_store = ChromaVectorStore(collection_name="travel_assistant")
storage_context = StorageContext.from_defaults(vector_store=
    vector_store)

# 构建多模态索引
index = MultiModalVectorStoreIndex.from_documents(
    documents,
    storage_context=storage_context,
)
print("多模态索引构建成功。")
```

(4) 创建查询引擎

接下来，我们将创建一个自定义的查询引擎，它能够处理文本查询并返回相关的文本和图像信息。示例代码如下：

```python
from llama_index.core.query_engine import RetrieverQueryEngine
from llama_index.core.postprocessor import SimilarityPostprocessor
from langchain_community.llms import Ollama
```

```python
from llama_index.core.prompts import PromptTemplate

# 创建自定义提示模板
custom_prompt = PromptTemplate(
    "你是一个智能旅游助手。基于下面所提供的上下文，回答用户关于旅游的问题。"
    "如果存在相关的图片信息，请在答案中提及。\n "
    "上下文：{context_str}\n"
    "用户：{query_str}\n"
    "助手："
)

# 创建查询引擎
retriever = index.as_retriever(similarity_top_k=3)

# 初始化 DeepSeek-R1 模型
llm = Ollama(
    model="deepseek-r1:7b",
    temperature=0.2,  # 降低创造性以提升准确性
    context_size=4096
)

query_engine = RetrieverQueryEngine.from_args(
    retriever,
    llm=llm,
    node_postprocessors=[SimilarityPostprocessor(similarity_
        cutoff=0.7)],
    text_qa_template=custom_prompt
)

print("查询引擎创建成功！")
```

(5) 用户界面

在创建了查询引擎之后，为了让用户能够方便地使用旅游助手，我们将创建一个简单的命令行界面：

```python
import textwrap
from PIL import Image

def display_response(response):
    print("\n 智能旅游助手：")
    # 打印文本响应
    print(textwrap.fill(str(response), width=80))

    # 显示相关图片
```

```
        for node in response.source_nodes:
            if 'image' in node.node.metadata:
                image_path = node.node.metadata['image']
                print(f"\n 相关图片来自 {node.node.metadata['title']}:")
                Image.open(image_path).show()

def travel_assistant():
    print("欢迎使用智能旅游助手!")
    print("可以咨询关于下面目的地的任何问题:")
    print(", ".join(destinations))

    while True:
        query = input("\n 用户: ")
        if query.lower() in ['exit', 'quit', 'bye']:
            print("感谢使用智能旅游助手,再见! ")
            break

        response = query_engine.query(query)
        display_response(response)

# 运行智能旅游助手
travel_assistant()
```

(6) 用户反馈与持续改进

为了持续改进智能旅游助手,我们可以通过以下代码添加一个简单的用户反馈机制,以收集用户反馈并进行改进:

```
# 定义收集用户反馈的函数
def collect_feedback(query, response):
    print("\n 此回答对你有帮助吗? (yes/no)")
    feedback = input().lower()
    if feedback == 'no':
        print("你认为可以如何改进? ")
        improvement = input()
        # 在这里,可以将反馈存储到数据库中,用于后续分析和改进
        print("感谢你的反馈,我们将进一步提升系统。")
    else:
        print("感谢你的反馈! ")
    return feedback

# 修改 travel_assistant 函数,加入反馈收集
def travel_assistant():
    print("欢迎使用智能旅游助手!")
    print("可以咨询关于下面目的地的任何问题:")
    print(", ".join(destinations))
```

```python
    while True:
        query = input("\nHuman: ")
        if query.lower() in ['exit', 'quit', 'bye']:
            print("感谢使用智能旅游助手，再见！")
            break

        response = query_engine.query(query)
        display_response(response)
        feedback = collect_feedback(query, response)

        # 可以在这里根据反馈调整系统，例如更新索引或微调模型

# 运行改进后的智能旅游助手
travel_assistant()
```

(7) 部署与扩展

在实现了智能旅游助手的基本功能后，如果需要将该旅游助手部署为一个 Web 应用或移动应用，可以参考以下建议进行部署与扩展。

- 使用 Flask 或 FastAPI 创建一个 RESTful API，将查询引擎封装在后端。
- 创建一个简单的前端界面，允许用户输入查询并显示结果，包括文本和图像。
- 使用数据库（如 PostgreSQL）存储用户查询和反馈，用于后续分析和系统改进。
- 实现缓存机制，提高频繁查询的响应速度。
- 添加用户认证和会话管理，提供个性化的体验。
- 考虑使用异步处理来处理长时间运行的查询，提高系统的响应能力。

因此，我们可以使用 Flask 框架将智能旅游助手封装为一个简单的 RESTful API，处理用户查询请求并返回查询结果。示例代码如下：

```python
from flask import Flask, request, jsonify
from travel_assistant import query_engine, display_response

app = Flask(__name__)
```

```
@app.route('/query', methods=['POST'])
def query():
    data = request.json
    query_text = data['query']
    response = query_engine.query(query_text)
    # 将 display_response 函数修改为返回 JSON 格式的数据
    result = display_response(response)

    return jsonify(result)

if __name__ == '__main__':
    app.run(debug=True)
```

(8) 性能优化

随着应用规模的扩大，系统性能可能会面临新的挑战，可以考虑以下几种优化措施。

- 异步处理：通过引入 asyncio 和 aiohttp 等库来处理并发请求，提升系统的响应速度。
- 分布式索引：使用 Milvus 或 Pinecone 等分布式向量数据库，更高效地管理和检索大规模数据。
- 模型量化：对大模型进行量化，以减少内存占用，并提高推理速度。
- 负载均衡：使用 NGINX 或 Kubernetes 等技术进行流量分发，确保多个服务实例之间的负载均衡。

(9) 安全性和隐私

在部署实际应用时，保护用户隐私是至关重要的。以下措施可以有效增强系统的安全性。

- 数据加密：对用户的存储数据和查询历史进行加密处理。
- 访问控制：实现细粒度的访问控制，确保用户只能访问授权范围内的信息。

- 合规性：确保应用符合相关的数据保护法规。
- 内容过滤：实现内容过滤机制，防止生成不适当或有害的内容。

7.7.2 小结

在本节中，我们构建了一个端到端的 RAG 应用——智能旅游助手。从数据收集开始，经过索引构建、查询引擎创建，最后实现了一个能够处理文本与图像信息的智能系统，并提供了一个简单的用户界面。我们还讨论了如何通过用户反馈持续改进系统，以及如将该应用部署为 Web 服务的步骤与注意事项。

通过这个项目，我们不仅巩固了对 RAG 系统各个组件的理解，还学习了如何将这些组件有机结合，构建一个完整的应用。尽管在实际开发中往往需要根据具体需求进行进一步的定制和优化，但这个例子提供了一个明确的起点和框架，有助于我们快速搭建一个类似的 AI 应用。

7.8 RAG 系统的测试与评估

在构建了端到端的 RAG 应用之后，对系统进行全面的测试和评估至关重要。这不仅可以帮助我们发现潜在的问题并及时修复，还能为系统的持续优化提供方向。本节将介绍如何对 RAG 系统进行有效的测试与评估，包括构建测试集、实现自动化测试、进行人工评估以及分析系统性能等。

7.8.1 代码实战

(1) 构建综合测试集

为了准确测试智能旅游助手的性能，我们需要一个多样化的测试集,涵盖不同类型与场景的查询。一个好的测试集应该包括常见问题、复杂问题以及边缘案例。下面列举几个可能的测试场景。

- 简单事实查询：如"巴黎的人口是多少？"
- 复杂推理问题：如"比较东京和纽约的公共交通系统。"
- 多模态查询：如"描述悉尼歌剧院的建筑特点。"
- 边界情况：如"数据集中不存在的目的地。"
- 模糊查询：如"推荐一个适合夏天旅游的城市。"

针对上述各种场景,可以通过以下代码创建一个测试集,用于后续的测试和评估：

```
test_queries = [
    {"query": "巴黎的人口是多少？", "type": "simple_fact"},
    {"query": "比较东京和纽约的公共交通系统。", "type":
        "complex_reasoning"},
    {"query": "描述悉尼歌剧院的建筑特点。", "type": "multimodal"},
    {"query": "曼谷的热门景点有哪些？", "type": "out_of_scope"},
    {"query": "推荐一个适合夏天旅游的城市。", "type": "open_ended"},
    {"query": "去罗马旅游的最佳时间是什么时候？", "type": "temporal"},
    {"query": "巴塞罗那和迪拜的美食有什么不同？", "type": "comparative"},
    {"query": "伦敦有哪些经济实惠的娱乐活动？", "type":
        "specific_aspect"},
    {"query": "描述马丘比丘的自然景点。", "type": "descriptive"},
    {"query": "罗马斗兽场的历史意义是什么？", "type": "historical"}
]
```

(2) 实现自动化测试流程

自动化测试可以帮助我们在每次更新或优化后迅速验证系统的性能。以下是一个自动化测试的代码示例,它使用 LlamaIndex 提供的评估工具对系统的响应进行质量分析：

```
# 进行评估
eval_results = []
for query_data in test_queries:
    query = query_data["query"]
    response = query_engine.query(query)
    # print(response)
```

```python
    # 评估响应质量
    eval_result = evaluator.evaluate_response(
        query=query,
        response=response,
        reference=None,  # 在实际应用中,可能需要提供参考答案
        context=None
    )

    eval_results.append({
        "query": query,
        "type": query_data["type"],
        "response": str(response),
        "evaluation": eval_result
    })

# 分析评估结果
def analyze_results(results):
    type_scores = {}
    for result in results:
        query_type = result["type"]
        score = result["evaluation"].score
        if query_type not in type_scores:
            type_scores[query_type] = []
        type_scores[query_type].append(score)

    print("评估结果: ")
    for query_type, scores in type_scores.items():
        avg_score = sum(scores) / len(scores)
        print(f"{query_type}: 平均评分 = {avg_score:.2f}")

    overall_avg = sum([r["evaluation"].score for r in results]) / 
        len(results)
    print(f"总体平均评分: {overall_avg:.2f}")

analyze_results(eval_results)
```

(3) 人工评估

虽然自动化测试可以提供大量的数据,但在某些情况下,人工评估仍然是不可替代的,特别是对于需要深入理解和上下文判断的复杂查询。我们可以通过以下代码创建一个简单的人工评估接口:

```python
def human_evaluation(eval_results):
    for result in eval_results:
        print(f"\n查询: {result['query']}")
```

7.8 RAG 系统的测试与评估

```
            print(f"类型：{result['type']}")
            print(f"系统响应：{result['response']}")
            print(f"自动评分：{result['evaluation'].score}")

            human_score = float(input("请为系统响应打分 (0-1)："))
            feedback = input("请提供额外的反馈：")

            result["human_score"] = human_score
            result["human_feedback"] = feedback

    return eval_results

evaluated_results = human_evaluation(eval_results)
```

(4) 性能分析

除了评估系统的响应质量外，还需要评估系统的性能表现。以下代码用于测试系统在处理每个查询时的响应时间和内存使用情况：

```
import time
import psutil

def measure_performance(query_engine, queries, num_runs=3):
    performance_data = []

    for query in queries:
        query_times = []
        memory_usage = []

        for _ in range(num_runs):
            start_time = time.time()
            start_memory = psutil.virtual_memory().used

            _ = query_engine.query(query["query"])

            end_time = time.time()
            end_memory = psutil.virtual_memory().used

            query_time = end_time - start_time
            memory_used = end_memory - start_memory

            query_times.append(query_time)
            memory_usage.append(memory_used)

        avg_time = sum(query_times) / num_runs
```

```python
        avg_memory = sum(memory_usage) / num_runs
        
        performance_data.append({
            "query": query["query"],
            "type": query["type"],
            "avg_time": avg_time,
            "avg_memory": avg_memory
        })
    
    return performance_data

performance_results = measure_performance(query_engine, test_queries)
```

接下来，我们可以进一步分析这些数据，了解系统在不同类型查询下的性能表现。示例代码如下：

```python
# 分析性能结果
def analyze_performance(results):
    type_performance = {}
    for result in results:
        query_type = result["type"]
        if query_type not in type_performance:
            type_performance[query_type] = {"time": [], "memory": []}
        type_performance[query_type]["time"].append(result
            ["avg_time"])
        type_performance[query_type]["memory"].append(result
            ["avg_memory"])
    
    print("性能分析结果: ")
    for query_type, data in type_performance.items():
        avg_time = sum(data["time"]) / len(data["time"])
        avg_memory = sum(data["memory"]) / len(data["memory"])
        print(f"{query_type}:")
        print(f"平均响应时间: {avg_time:.4f} s")
        print(f"平均内存使用: {avg_memory / 1024 / 1024:.2f} MB")
    
    overall_avg_time = sum([r["avg_time"] for r in results]) /
        len(results)
    overall_avg_memory = sum([r["avg_memory"] for r in results]) /
        len(results)
    print(f"整体平均响应时间: {overall_avg_time:.4f} s")
    print(f"整体平均内存使用: {overall_avg_memory / 1024 /
        1024:.2f} MB")

analyze_performance(performance_results)
```

7.8 RAG 系统的测试与评估

(5) 错误分析和改进

在系统测试和评估之后，就可以基于收集到的结果进行错误分析并提出改进建议。以下代码展示了如何综合评估结果和性能结果，分析问题并提出相应的改进建议：

```python
def error_analysis(eval_results, performance_results):
    # 合并评估结果和性能结果
    combined_results = []
    for eval_result, perf_result in zip(eval_results,
        performance_results):
        combined_results.append({**eval_result, **perf_result})

    # 找出得分最低的查询
    lowest_score = min(combined_results, key=lambda x:
        x["evaluation"].score)
    print(f"得分最低的查询：{lowest_score['query']}")
    print(f"得分：{lowest_score['evaluation'].score}")
    print(f"系统响应：{lowest_score['response']}")

    # 找出响应时间最长的查询
    slowest_query = max(combined_results, key=lambda x: x["avg_time"])
    print(f"\n响应时间最长的查询：{slowest_query['query']}")
    print(f"平均时间：{slowest_query['avg_time']:.4f} s")

    # 分析不同类型查询的表现
    type_analysis = {}
    for result in combined_results:
        query_type = result["type"]
        if query_type not in type_analysis:
            type_analysis[query_type] = {"scores": [], "times": []}
        type_analysis[query_type]["scores"].append(result
            ["evaluation"].score)
        type_analysis[query_type]["times"].append(result["avg_time"])

    print("\n按查询类型的表现分析：")
    for query_type, data in type_analysis.items():
        avg_score = sum(data["scores"]) / len(data["scores"])
        avg_time = sum(data["times"]) / len(data["times"])
        print(f"{query_type}:")
        print(f"  平均得分：{avg_score:.2f}")
        print(f"  平均响应时间: {avg_time:.4f} seconds")

    # 提出改进建议
    print("\n改进建议：")
```

```
    if lowest_score["evaluation"].score < 0.5:
        print("- 审查并增强低分查询的知识库")
    if slowest_query["avg_time"] > 5:
        print("- 优化慢查询的检索流程")
    if any(result["human_score"] - result["evaluation"].score >
        0.3 for result in eval_results):
        print("- 优化自动化评估指标，以更好地与人工评估对齐")

error_analysis(evaluated_results, performance_results)
```

(6) 持续集成和监控

为了确保 RAG 系统长期运行的稳定性和高效性，我们应当引入持续集成和监控机制。持续集成和监控包括以下几个关键措施。

❑ 设置自动化测试管道，在每次代码更新时运行测试套件。
❑ 实现日志记录系统，跟踪查询、响应和系统性能。
❑ 设置警报机制，当系统性能下降或错误率上升时及时通知。
❑ 定期进行全面的系统评估，包括自动化测试和人工评估。

以下代码展示了如何实现简单的日志记录和系统监控机制：

```
import logging
from datetime import datetime

logging.basicConfig(filename='rag_system.log', level=logging.INFO)

def log_query(query, response, performance):
    logging.info(f"""
    时间戳：{datetime.now()}
    查询：{query}
    系统响应：{response}
    响应时间：{performance['avg_time']:.4f} seconds
    内存使用：{performance['avg_memory'] / 1024 / 1024:.2f} MB
    """)

# 在查询处理函数中使用
def process_query(query):
    start_time = time.time()
    start_memory = psutil.virtual_memory().used

    response = query_engine.query(query)
```

```
    end_time = time.time()
    end_memory = psutil.virtual_memory().used
    performance = {
        "avg_time": end_time - start_time,
        "avg_memory": end_memory - start_memory
    }
    
    log_query(query, str(response), performance)
    
    return response

# 示例使用
test_query = "巴黎有哪些必去的景点？"
result = process_query(test_query)
print(result)
```

7.8.2 小结

本节详细探讨了 RAG 系统的测试与评估方法，包括构建多样化的测试集、实现自动化测试流程，并引入人工评估来补充自动化评估的不足。同时，还进行了性能分析，测量了系统的响应时间和内存使用情况。在此基础上，通过错误分析识别系统的弱点并提出有针对性的改进建议。最后，介绍了持续集成和监控机制，以确保系统的长期稳定性。

这些测试和评估方法不仅适用于智能旅游助手，也可以推广到其他 RAG 应用中。通过系统性的测试和评估，我们可以不断优化 RAG 系统，提高其性能和可靠性，从而为用户提供更好的体验。本节提供的框架和思路为持续监控和改进 RAG 系统的能力奠定了基础。

7.9 总结

本章详细介绍了 RAG 系统的实现与优化方法。我们首先介绍了如何使用 LlamaIndex 构建基础的 RAG 系统，包括文档加载、索引构建和检索实现等核心步骤。然后探讨了多模态 RAG 的实现方案，展示了如何将文本和图像数据整合到统一的检索框架中。

在系统优化方面，我们重点关注了以下几个方面。

(1) 检索性能优化：通过选择合适的向量数据库、优化索引结构等方式提升检索效率。

(2) 结果质量改进：借助重排序、提示词工程等技术提高检索结果的相关性。

(3) 系统调试方法：利用评估框架进行系统诊断和性能分析。

最后在实践应用部分，我们以智能旅游助手为例，展示了如何构建一个完整的端到端 RAG 应用。通过这个实例，我们不仅演示了 RAG 系统的各个组件如何协同工作，还介绍了系统测试、评估和持续优化的方法。